本試験型
数学検定
4級
試験問題集

成美堂出版

本書の使い方

　本書は，数学検定4級でよく問われる問題を中心にまとめた予想模試です。本番の検定を想定し，計5回分の模試を収録していますので，たっぷり解くことができます。解答や重要なポイントは赤字で示していますので, 付属の赤シートを上手に活用しましょう。

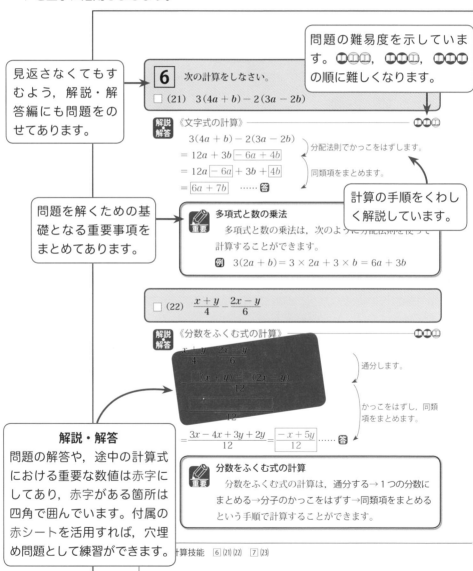

見返さなくてもすむよう，解説・解答編にも問題をのせてあります。

問題の難易度を示しています。◯◯◯，◯◯◯，◯◯◯の順に難しくなります。

6　次の計算をしなさい。

☐ (21)　$3(4a + b) - 2(3a - 2b)$

解説解答　《文字式の計算》　———————　◯◯◯

$$3(4a + b) - 2(3a - 2b)$$
$$= 12a + 3b \boxed{- 6a + 4b}$$
$$= 12a \boxed{- 6a} + 3b + \boxed{4b}$$
$$= \boxed{6a + 7b} \cdots\cdots 答$$

分配法則でかっこをはずします。

同類項をまとめます。

計算の手順をくわしく解説しています。

問題を解くための基礎となる重要事項をまとめてあります。

重要　多項式と数の乗法
　　多項式と数の乗法は，次のように分配法則を使って計算することができます。
　例　$3(2a + b) = 3 \times 2a + 3 \times b = 6a + 3b$

☐ (22)　$\dfrac{x + y}{4} - \dfrac{2x - y}{6}$

解説解答　《分数をふくむ式の計算》　———————　◯◯◯

$$\dfrac{x + y}{4} - \dfrac{2x - y}{6}$$
$$= \dfrac{\boxed{}(x + y) - \boxed{}(2x - y)}{12}$$
$$\dfrac{}{12}$$
$$= \dfrac{3x - 4x + 3y + 2y}{12} = \dfrac{\boxed{-x + 5y}}{12} \cdots\cdots 答$$

通分します。

かっこをはずし，同類項をまとめます。

解説・解答
問題の解答や，途中の計算式における重要な数値は赤字にしてあり，赤字がある箇所は四角で囲んでいます。付属の赤シートを活用すれば，穴埋め問題として練習ができます。

重要　分数をふくむ式の計算
　　分数をふくむ式の計算は，通分する→1つの分数にまとめる→分子のかっこをはずす→同類項をまとめるという手順で計算することができます。

計算技能　6 (21)(22)　7 (23)

解答用紙と解答一覧
巻末には，各回の解答が一目でわかる解答一覧と，実際の試験のものと同じ形式を再現した解答用紙をつけています。標準解答時間を目安に時間を計りながら，実際に検定を受けるつもりで解いてみましょう。

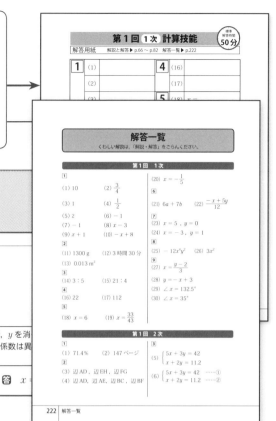

第1回 1次 計算技能

標準解答時間 50分

解答用紙　解説と解答▶ p.66 ～ p.82　解答一覧▶ p.222

1	(1)		4	(16)
	(2)			(17)
	(3)		5	(18)

解答一覧

くわしい解説は，「解説・解答」をごらんください。

第1回　1次

1
(1) 10　(2) $\frac{3}{4}$
(3) 1　(4) $\frac{1}{2}$
(5) 2　(6) -1
(7) -1　(8) $x-3$
(9) $x+1$　(10) $-x+8$

2
(11) 1300 g　(12) 3時間30分
(13) 0.013 m²
3
(14) 3：5　(15) 21：4
4
(16) 22　(17) 112

(18) $x=6$　(19) $x=\frac{33}{43}$

(20) $x=-\frac{1}{5}$
6
(21) $6a+7b$　(22) $\frac{-x+5y}{12}$
7
(23) $x=5$，$y=0$
(24) $x=-3$，$y=1$
8
(25) $-12x^4y^2$　(26) $3x^2$
9
(27) $y=\frac{x-2}{3}$
(28) $y=-x+3$
(29) $\angle x=132.5°$
(30) $\angle x=35°$

第1回　2次

(1) 71.4%　(2) 147ページ

(3) 辺AD，辺EH，辺FG
(4) 辺AD，辺AE，辺BC，辺BF

(5) $\begin{cases} 5x+3y=42 \\ x+2y=11.2 \end{cases}$
(6) $\begin{cases} 5x+3y=42 & \cdots① \\ x+2y=11.2 & \cdots② \end{cases}$

---

7 次の連立方程式を解きなさい。

□ (23) $\begin{cases} 2x-y=10 \\ x+y=5 \end{cases}$

《連立方程式》

$\begin{cases} 2x-y=10 & \cdots① \\ x+y=5 & \cdots② \end{cases}$

①　　$2x-y=10$
②　$+)$　$x+y=5$
　　　　$\overline{3x=\boxed{15}}$
　　　　　$x=\boxed{5}$

ポイント
加減法で，y を消□する y の係数は異□えます。

$x=5$ を②に代入すると，

$\boxed{5}+y=5$

$y=\boxed{0}$

答　$x=$

$\begin{cases} 2x-y=10 & \cdots① \\ x+y=5 & \cdots② \end{cases}$

①を y について解くと，

$y=\boxed{2x-10}$　……③

③を②に代入すると，

$x+\boxed{2x-10}=5$

$3x=\boxed{15}$

$x=\boxed{5}$

ポイント
代入法で，y を消去します。

$x=5$ を②に代入すると，

$\boxed{5}+y=5$

$y=\boxed{0}$

方程式の形を見て，加減法と代入法のうち，解きやすいほうで解きましょう。

問題に解くときのポイントやヒントを指しています。

小宮山先生からの一言アドバイス
ミスしやすいところ，計算のコツ，試験対策のヒントなどを，小宮山先生がアドバイスします。

問題◀ p.17　77

目　次

問　題

解説・解答

数学検定4級の内容

数学検定4級の検定内容

●学習範囲と検定内容

　実用数学技能検定は，公益財団法人日本数学検定協会が実施している検定試験です。

　1級から11級までと，準1級，準2級をあわせて，13階級あります。そのなかで，1級から5級までは「数学検定」，6級から11級までは「算数検定」と呼ばれています。

　検定内容は，AグループからMグループまであり，4級はそのなかのFグループ，Gグループ，Hグループからそれぞれ30％ずつ，特有問題から10％程度出題されることになっています。

4級の検定内容

Fグループ	文字式を用いた簡単な式の四則混合計算，文字式の利用と等式の変形，連立方程式，平行線の性質，三角形の合同条件，四角形の性質，1次関数，確率の基礎，簡単な統計　など
Gグループ	正の数・負の数を含む四則混合計算，文字を用いた式，1次式の加法・減法，1元1次方程式，基本的な作図，平行移動，対称移動，回転移動，空間における直線や平面の位置関係，扇形の弧の長さと面積，空間図形の構成，空間図形の投影・展開，柱体・錐体及び球の表面積と体積，直角座標，負の数を含む比例・反比例，度数分布とヒストグラム　など
Hグループ	分数を含む四則混合計算，円の面積，円柱・角柱の体積，縮図・拡大図，対称性などの理解，基本的単位の理解，比の理解，比例や反比例の理解，資料の整理，簡単な文字と式，簡単な測定や計量の理解　など

また，4級の出題内容のレベルは【中学校2年程度】とされています。

●1次検定と2次検定

　数学検定は各階級とも，1次（計算技能検定）と2次（数理技能検定）の2つの検定があります。

　1次（計算技能検定）は，主に計算技能をみる検定で，解答用紙には答えだけを記入することになっています。

　2次（数理技能検定）は，主に数理応用技能をみる検定で，解答用紙には答えだけでなく，計算の途中の式や単位，図を記入することもあります。このような問題では，たとえ最終的な答えがあっていなくても，途中経過が正しければ部分点をもらえることがあります。逆に，途中経過を何も書かないで答えのみを書いたり，単位をつけなかったりした場合には，減点となることがあります。

　なお，2次検定では，階級を問わず電卓を使うことができます。

●検定時間と問題数

　4級の検定時間と問題数，合格基準は次のとおりです。

	検定時間	問題数	合格基準
1次（計算技能検定）	50分	30問	全問題の70%程度
2次（数理技能検定）	60分	20問	全問題の60%程度

＊配点は公表されていませんが，合格基準より判断すると，1次（問題数30問の場合）の合格基準点は21問，2次（問題数20問の場合）の合格基準点は12問となります。

数学検定 4 級の受検方法

●受検方法

　数学検定は，個人受検，団体受検，提携会場受検のいずれかの方法で受検します。申し込み方法は，個人受検の場合，インターネット，郵送，コンビニ等があります。団体受検の場合，学校や塾などを通じて申し込みます。提携会場受検の場合は，インターネットによる申し込みとなります。

●受検資格

　原則として受検資格は問われません。

●検定の免除

　1 次（計算技能検定）または 2 次（数理技能検定）にのみ合格している方は，同じ階級の 2 次または 1 次検定が免除されます。申し込み時に，該当の合格証番号が必要です。

●合否の確認

　検定日の約 3 週間後に，ホームページにて合否を確認することができます。検定日から約 30 〜 40 日後を目安に，検定結果が郵送されます。

　受検方法など試験に関する情報は変更になる場合がありますので，事前に必ずご自身で試験実施団体などが発表する最新情報をご確認ください。

公益財団法人 日本数学検定協会

　　ホームページ：**https://www.su-gaku.net/**

　　〒 110-0005　東京都台東区上野 5-1-1　文昌堂ビル 6 階

＜個人受検の問合せ先＞ TEL：03-5812-8349

＜団体受検・提携会場受検の問合せ先＞ TEL：03-5812-8341

4級の出題のポイント

4級の出題範囲の中で、ポイントとなる項目についてまとめました。問題に取り組む前や疑問が出たときなどに、内容を確認しましょう。なお、答えが分数になる場合には、もっとも簡単な分数に約分しておきましょう。

1次検定・2次検定共通のポイント

正負の数の計算と文字式の計算

四則計算、かっこ、累乗を含む正負の数の計算問題では、演算の順序と累乗における符号の変化に注意しましょう。累乗→乗法・除法→加法・減法のリズムがつかめるまで、繰り返し練習しましょう。

方程式や不等式を解くためには、文字式の計算を速く、正確に行うことが大切です。分配法則を用いて式を展開し、同類項をまとめる手順を身につけましょう。

Point

(1) 累乗の計算

① $-a^2 = -(a \times a)$

② $-a^3 = -(a \times a \times a)$

③ $(-a)^2 = (-a) \times (-a) = a^2$

④ $(-a)^3 = (-a) \times (-a) \times (-a) = -a^3$

(2) 分配法則と同類項の計算

① $a(b + c) = ab + ac$

② $(a + b)(c + d) = ac + ad + bc + bd$

③ $a + (b + c) = a + b + c$

④ $a + (b - c) = a + b - c$

⑤ $a - (b + c) = a - b - c$

⑥ $a - (b - c) = a - b + c$

⑦ $ax + b + cx + d = (a + c)x + b + d$

【例題】$-5^3 - (-4)^2$

《累乗の計算》

$$-5^3 - (-4)^2$$

$$= - \boxed{125} - \boxed{16}$$ 累乗を計算します。

$$= \boxed{-141} \quad \cdots\cdots 答$$

ポイント

$$-5^3 = -(5 \times 5 \times 5) = -125$$
$$(-4)^2 = (-4) \times (-4) = 16$$

【例題】$3x - 5 - 10\left(\dfrac{2}{3}x - \dfrac{3}{5}\right)$

《分配法則と同類項の計算》

$$3x - 5 - 10\left(\frac{2}{3}x - \frac{3}{5}\right)$$ 分配法則でかっこをはずします。

$$= 3x - 5 - \boxed{\frac{20}{3}}x + 6$$

$$= 3x - \boxed{\frac{20}{3}}x - 5 + 6 = \boxed{-\frac{11}{3}x + 1} \quad \cdots\cdots 答$$

方程式

4級で出題される方程式は，1次方程式と連立方程式です。それぞれの方程式を解く手順は異なりますが，まずは移項や分母を払うなどの等式の変形の手順を確認しながら，1次方程式を確実に解けるようにしておきましょう。

連立方程式の解き方には，①加減法と②代入法があります。問題に応じて，解きやすい方法で解けるようにしておきましょう。

Point

（1）1次方程式の解き方

式の変形 → $ax = b$ の形にする。→ $x = \dfrac{b}{a}$ $(a \neq 0)$

（2）連立方程式の解き方

加減法または代入法で，x，y のどちらかの文字を消去します。

【例題】 $\dfrac{x + 7}{6} + \dfrac{7x + 3}{5} = 19$

 《1次方程式の解き方》

$$\frac{x + 7}{6} + \frac{7x + 3}{5} = 19$$

両辺を $\boxed{30}$ 倍すると，・・・・・・・・・・・・・・・6 と 5 の最小公倍数

$$\boxed{5}(x + 7) + \boxed{6}(7x + 3) = \boxed{570}$$

$$\boxed{5x} + 35 + \boxed{42x} + 18 = \boxed{570}$$

35，18 を移項すると，

$$\boxed{5x + 42x} = \boxed{570} - 35 - 18$$

$$\boxed{47x} = 517$$

$$x = \boxed{11}$$

答 $x = \boxed{11}$

関数とグラフ ━━━━━━━━━━━━━━━━━━━━━●

4級で中心となる関数は，①比例，②反比例，③1次関数です。いずれの関数も，実際にグラフをかきながら，その性質を理解しましょう。

x と y が比例の関係にあるときは $y = ax$，x と y が反比例の関係にあるときは $y = \dfrac{a}{x}$ と表せます。a は比例定数といい，x と y にある1組の値を代入して求めることができます。

問題を解くときには，座標平面上に比例・反比例のグラフをかいて，それぞれの形を確かめましょう。

(1) 比例　$y = ax$ $(a \neq 0)$

　　　（グラフは原点を通る直線）

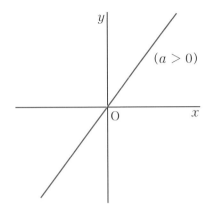

(2) 反比例　$y = \dfrac{a}{x}$ $(a \neq 0)$

　　　　（グラフは双曲線）

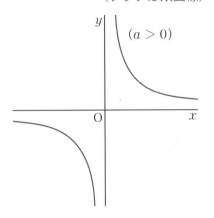

(3) 1次関数　$y = ax + b$ $(a \neq 0)$

　a：傾き（＝変化の割合）

　b：y切片（＝y軸との交点）

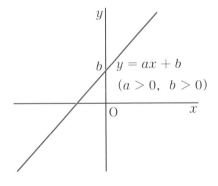

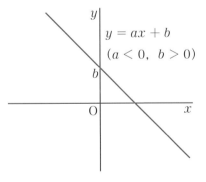

平面図形

　4級での平面図形の問題としては，平行線の性質（錯角，同位角など）が中心となります。使う定理や性質は限られていますので，いろいろな問題にあたり，考え方のコツをつかみましょう。

Point

平行線における錯角，同位角は等しい。

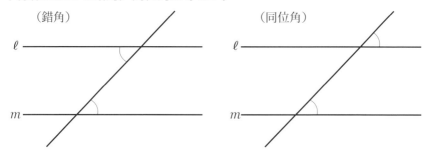

空間図形

　球，円錐，角錐などの体積や表面積は確実に求められるようになりましょう。空間図形の問題は図をかきながら考えていきましょう。

（1）半径 r の球

①　体積 $V = \dfrac{4}{3}\pi r^3$ 　　　　　②　表面積 $S = 4\pi r^2$

（2）円錐，角錐の体積

$$V = \dfrac{1}{3} \times 底面積 \times 高さ$$

1次検定のポイント

　1次検定では，次ページのように毎回同様のタイプの問題が多く出題されています。これらはどれも基本的な内容ですから，確実に得点できるようにしっかり学習しておきましょう。どれも計算の手順さえわかっていれ

ば，解ける問題です。

1 （10問）分数の四則計算，正負の計算，文字式の計算

2 （3問）単位の問題（長さ，面積，体積，重さ，時間）

3 （2問）比の問題（比を簡単にする）

4 （2問）式の値

5 （3問）1次方程式

6 （2問）文字式の計算（2つの文字をふくむ）

7 （2問）連立方程式

8 （2問）単項式の乗除計算

9 （4問）等式変形，直線の式，平面図形（多角形の角，平行線の角）

　分数の計算で，答えが真分数にならないとき，仮分数と帯分数のどちらで答えてもかまいません。ただし，約分できるときは計算の途中で約分して，答えもできるだけ簡単な分数にします。

　単位換算の問題では，特に面積や体積の単位をまちがえないようにしましょう。下のような単位の表をつくって考えるとミスをふせぐことができます。

	kg			g			mg
	1 . 3			0		0	

$1300g = 1.3kg$

			m^2			cm^2
			0 . 0	1	3	0

$0.013m^2 = 130cm^2$

	m^3						cm^3
1	2 . 4	0	0	0	0	0	0

$12.4m^3 = 12400000cm^3$

　比を簡単にする問題では，分数の約分と同じように考えます。

　連立方程式は，文字の係数が分数や小数の問題が出題される場合があります。まず，両辺に適当な数をかけて，係数を整数にしてから解きます。

2次検定のポイント

2次検定では，以下のテーマからの出題が目立ちます。

① 方程式
② 平面図形
③ 関数とグラフ

①方程式では，1次方程式や連立方程式に関する文章題が毎回のように出題されています。与えられた問題文をよく読んで，何を未知数 x，y で表せばよいのか整理し，方程式をたてましょう。

②平面図形では，いろいろな図形の長さや面積を求める問題だけでなく，図形の対称性（線対称・点対称）や図形の合同条件に関する問題もよく出題されます。これらの問題を解く際には，平行線の性質や相似，三角形の合同条件などを使うことが多いので，基本的な定理や性質を理解しておきましょう。

③関数とグラフでは，比例・反比例や1次関数に関する文章題がよく出題されています。基本的な問いが中心ですが，理科や社会を題材にした設問の場合もあります。解法パターンの流れを覚えるとともに，図をかきながら考えていきましょう。

2次検定では，これらの問題のほか，資料の整理や場合の数に関する問題も，毎回のように出題されています。

資料の整理に関する問題では，日常生活をテーマにしたさまざまな表やグラフなどが出てきます。それらの資料が何を表しているのか正確に読みとり，計算ミスをしないように気をつけましょう。

また，場合の数の問題は，問われている内容を図や表に表し，あてはまる場合をもれなく数えあげることが基本となります。

これらの問題は，いくつかの小問に分かれていることが多く，問題文自体がヒントになっていることがあります。前の設問を手がかりに，次の設問を考えていくことがポイントです。

第1回 数学検定

4級

1次 〈計算技能検定〉

―― 検定上の注意 ――

1. 検定時間は 50 分です。
2. 電卓・ものさし・コンパスを使用することはできません。
3. 解答用紙には答えだけを書いてください。
4. 答えが分数になるとき，約分してもっとも簡単な分数にしてください。

＊解答用紙は 230 ページ

Ⓒ 成美堂出版

1 次の計算をしなさい。

(1) $2\dfrac{2}{3} \times 3\dfrac{3}{4}$

(2) $2\dfrac{1}{2} \div 3\dfrac{1}{3}$

(3) $\dfrac{1}{3} + 1\dfrac{1}{2} \div 2\dfrac{1}{4}$

(4) $1\dfrac{4}{5} \times \dfrac{1}{3} - 0.1$

(5) $1 - (-2) + 3 + (-4)$

(6) $2^3 - (-3)^2$

(7) $72 \div (-2)^3 \div 3^2$

(8) $-x + 5 + 2x - 8$

(9) $2(2x - 1) - 3(x - 1)$

(10) $4\left(\dfrac{1}{2}x + \dfrac{3}{2}\right) + \dfrac{1}{3}(-9x + 6)$

2 次の問いに答えなさい。

(11) 1.3kg は何 g ですか。

(12) 210 分は何時間何分ですか。

(13) 130cm^2 は何 m^2 ですか。

3 次の比をもっとも簡単な整数の比にしなさい。

(14) $75 : 125$

(15) $\dfrac{7}{15} : \dfrac{4}{45}$

4 $x = 4$, $y = -2$ のとき，次の式の値を求めなさい。

(16) $4x - 3y$

(17) $x^3 + 3xy^2$

5 次の方程式を解きなさい。

(18) $8x - 6 = 12 + 5x$

(19) $3.2x - 1.2 = 2.1 - 1.1x$

(20) $\dfrac{x+5}{2} + \dfrac{x-1}{3} = 2$

6 次の計算をしなさい。

(21) $3(4a + b) - 2(3a - 2b)$

(22) $\dfrac{x+y}{4} - \dfrac{2x-y}{6}$

7 次の連立方程式を解きなさい。

(23) $\begin{cases} 2x - y = 10 \\ x + y = 5 \end{cases}$

(24) $\begin{cases} \dfrac{5x-1}{4} + y = -3 \\ x + \dfrac{x-y}{2} = -5 \end{cases}$

8 次の計算をしなさい。

(25) $(-2x)^2 \times (-3x^2y^2)$

(26) $75x^3y^2 \div 5xy \div 5y$

9 次の問いに答えなさい。

(27) 等式 $y = 3x + 2$ を x について解きなさい。

(28) 点 $(1, 2)$ を通り，切片が 3 の直線の式を求めなさい。

(29) 右の図において，$\angle x$ の大き
さを求めなさい。ただし，同じ印
のついた角は等しいものとします。

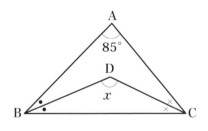

(30) 右の図において，$\ell \, / \! / \, m$ のとき，
$\angle x$ の大きさを求めなさい。

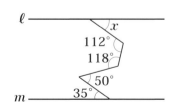

第1回　数学検定

4級

2次　〈数理技能検定〉

―― 検定上の注意 ――

1. 検定時間は 60 分です。
2. 電卓を使用することができます。
3. 解答用紙には答えだけを書いてください。答えと解き方が指示されている場合は，その指示にしたがってください。
4. 答えが分数になるとき，約分してもっとも簡単な分数にしてください。

＊解答用紙は 231 ページ

Ⓒ 成美堂出版

1 A君が本を読んでいます。昨日は全体の $\dfrac{2}{7}$ を読み，今日は残りの $\dfrac{3}{5}$ を読みました。このとき，次の問いに単位をつけて答えなさい。

(1) 今日までに読んだ分は全体の何%にあたりますか。小数第2位を四捨五入して答えなさい。

(2) 残りが42ページのとき，この本のページ数を求めなさい。

2 右の図は，直方体 ABCD -EFGH です。これについて，次の問いに答えなさい。

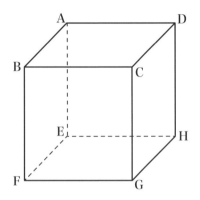

(3) 辺 BC と平行な辺をすべて答えなさい。

(4) 辺 GH とねじれの位置にある辺をすべて答えなさい。

3　濃度の異なる食塩水がA，Bの2つの容器に入っています。Aの食塩水 500g と，Bの食塩水 300g を混ぜ，そこから水を 200g 蒸発させたら，7％の食塩水ができました。また，Aの食塩水 100g とBの食塩水 200g を混ぜて，そこに 20g の水を加えたところ，3.5％の食塩水になりました。このとき，次の問いに答えなさい。

(5)　Aの食塩水を x％，Bの食塩水を y％として連立方程式をつくりなさい。　　　　　　　　　　　　　　　　　　　　（表現技能）

(6)　連立方程式を解き，x，y を求めなさい。そのときの途中の式も書きなさい。

4　次の a，b の2つの量の関係を式に表すと，下の（ア）〜（オ）のどれになりますか。記号で答えなさい。　　　　　　（表現技能）

（ア）　$a \times b = 10$ 　　　　（イ）　$a + b = 10$
（ウ）　$a - b = 10$ 　　　　（エ）　$a \div b = 10$
（オ）　$b \div a = 10$

(7)　$b$km 離れたところへ時速 $a$km で行くときにかかる時間が 10 時間

(8)　たて $a$cm，横 $b$cm の長方形の面積が 10cm^2

5 右の図のように，1 辺が 18cm の
正方形 ABCD の辺 AB，BC の中点
をそれぞれ E，F とします。このとき，
次の問いに答えなさい。

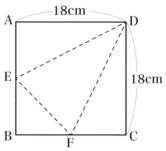

(9) △EFD の面積を求め，単位をつけ
て答えなさい。　　　　（測定技能）

(10) ∠ADE ＝∠CDF であることをもっとも簡潔な手順で証明する
には，どの三角形とどの三角形が合同であることを示せばよいです
か。

(11) （10）のときの合同条件を言葉で書きなさい。

6 A さんの家から駅まで，毎分 40m の速さで歩くと 25 分で着き
ます。このとき，次の問いに答えなさい。

(12) A さんの家から，毎分 x m の速さで歩くと y 分で駅に着くもの
として，y を x の式で表しなさい。

(13) 毎分 50m の速さで歩くと，何分で駅に着きますか。

7 右の図のように，$y = x + 4$ で表される直線 ℓ と，$y = ax$ で表される直線 m があります。2直線 ℓ，m が x 座標が2である点Aで交わっているとき，次の問いに答えなさい。

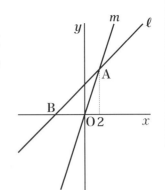

(14) a の値（あたい）を求めなさい。

(15) 点Bの座標を求めなさい。

(16) 原点Oを通る直線が△OABの面積を二等分するとき，その直線の式を求めなさい。

8 右の図は，あるグループの小テストの点数を調べてヒストグラムにしたものです。次の問いに答えなさい。

（統計技能）

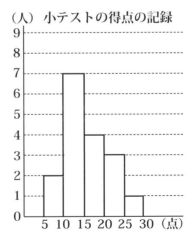

（人）小テストの得点の記録

(17) 15点以上の人は全体の何％ですか。四捨五入して，整数で求めなさい。

(18) 5点以上15点未満の人数は20点以上25点未満の人数の何倍になりますか。

9 次の問いに答えなさい。

（19） 右の図で $\ell \,/\!/\, m$ のとき，x の値を求めなさい。

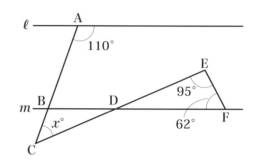

（20） 右の図で，x の値を求めなさい。

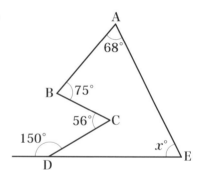

第2回 数学検定

4級

1次〈計算技能検定〉

── 検定上の注意 ──

1. 検定時間は50分です。
2. 電卓・ものさし・コンパスを使用することはできません。
3. 解答用紙には答えだけを書いてください。
4. 答えが分数になるとき，約分してもっとも簡単な分数にしてください。

＊解答用紙は232ページ

Ⓒ成美堂出版

1 次の計算をしなさい。

(1) $5\dfrac{1}{4} \times 3\dfrac{1}{9}$

(2) $\dfrac{5}{6} \div 5\dfrac{1}{2}$

(3) $0.1 \times \dfrac{2}{3} \div 1.3$

(4) $\dfrac{5}{4} \times \dfrac{1}{6} + \dfrac{5}{2} \div \dfrac{2}{3}$

(5) $7 \div 0.5 - 3 \div \dfrac{3}{5}$

(6) $-5 + (-8) - (-15)$

(7) $\{-9 - (-4) \times 2\}^2 \div \dfrac{2}{9}$

(8) $-7x + 8 + 4x - 15$

(9) $(-4x + 3) - 2(3x + 4)$

(10) $5(4a - 3) - \dfrac{5}{3}(6a - 18)$

2 次の □ にあてはまる数を求めなさい。

(11) $1\mathrm{m}^3$ は □ cm^3 です。

(12) 分速 □ m は時速 9km です。

(13) 2L の 3 割は □ dL です。

3 次の比をもっとも簡単な整数の比にしなさい。

(14) $54 : 36$

(15) $\dfrac{4}{5} : \dfrac{7}{10}$

4 $x = -5$, $y = 7$ のとき，次の式の値を求めなさい。

(16) $-2x + \dfrac{3}{5}y$

(17) $x^3 - y^2$

5 次の方程式を解きなさい。

(18) $6x + 3 = 15 + 3x$

(19) $3x - 1.2 = 6 - 1.5x$

(20) $\dfrac{x+5}{3} + \dfrac{2x-1}{2} = 6$

6 次の計算をしなさい。

(21) $-5(x - y) + 2(3x + y)$

(22) $\dfrac{7x - y}{2} - \dfrac{x + 2y}{5}$

7 次の連立方程式を解きなさい。

(23) $\begin{cases} x + 2y = 5 \\ y = \dfrac{-2x + 7}{3} \end{cases}$

(24) $\begin{cases} \dfrac{x}{10} - \dfrac{y}{4} = 1 \\ x + \dfrac{x + y}{3} = 6 \end{cases}$

8 次の計算をしなさい。

(25) $2xy^2 \times (-10x^3y^2)$

(26) $5x \times x^3y \div (-15x)$

9 次の問いに答えなさい。

(27) 等式 $y = 3x - 5$ を x について解きなさい。

(28) 点$(1, 8)$を通り，直線 $y = 3x + 1$ と平行な直線の式を求めなさい。

(29) 右の図において，$\ell /\!/ m$ のとき，
$\angle x$ の大きさを求めなさい。

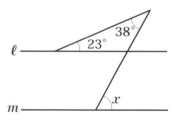

(30) 右の図において，$\ell /\!/ m$ のとき，
$\angle x$ の大きさを求めなさい。

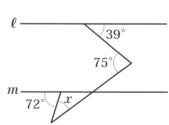

解説・解答▷▶ p.109 ～ p.112

第2回 数学検定

4級

2次 〈数理技能検定〉

―― 検定上の注意 ――

1. 検定時間は60分です。
2. 電卓を使用することができます。
3. 解答用紙には答えだけを書いてください。答えと解き方が指示されている場合は，その指示にしたがってください。
4. 答えが分数になるとき，約分してもっとも簡単な分数にしてください。

＊解答用紙は233ページ

Ⓒ 成美堂出版

1 5%の食塩水 500g について，次の問いに単位をつけて答えなさい。

（1） 食塩水にふくまれる水は何 g ですか。

（2） 濃度を 10%にするには，何 g の水を蒸発させればよいですか。

2 右の図のような，∠ B = 90°の直角三角形 ABC を，直線 ℓ を軸として 1 回転させてできる立体について，次の問いに答えなさい。

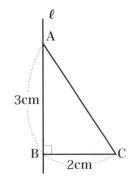

（3） この立体を，回転の軸をふくむ平面で切ると，切り口はどんな図形になりますか。

（4） この立体の体積を単位をつけて答えなさい。ただし，円周率を π とします。

3 次の問いに答えなさい。

x	2	3	イ
y	6	ア	15

(5) y が x に比例するとき，ア，イに入る数を求めなさい。

(6) 比例の式を求めなさい。

4 ろうそくに火をつけると，一定の速さで短くなっていきます。火をつけてから 15 分後の長さは 21cm，33 分後の長さは 12cm だったとき，次の問いに答えなさい。

(7) このろうそくは毎分何 cm 短くなりますか。単位をつけて答えなさい。

(8) 火をつけてから x 分後のろうそくの長さを $y$cm とするとき，x と y の関係は $y = ax + b$ の式で表すことができます。a と b の値を求めなさい。

(9) 何分後にこのろうそくは燃えつきて消えてしまうでしょうか。

5 平行四辺形 ABCD において，∠BAD と ∠BCD の二等分線が辺 BC，辺 AD とそれぞれ E，F で交わっています。このとき，次の問いに答えなさい。

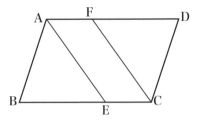

（証明技能）

（10）　この図には合同な三角形があります。その三角形を答えなさい。

（11）　（10）の三角形が合同であることを証明しなさい。

6 金の含有率が異なる 2 つの合金 A，B があります。合金 A 400g と合金 B 100g を融解して混ぜ合わせると，金の含有率が 70% の合金ができました。また，合金 A 200g と合金 B 200g と純金 100g を融解して混ぜ合わせると，やはり金の含有率が 70% の合金ができました。このとき，次の問いに答えなさい。

（12）　合金 A の金の含有率を x%，合金 B を y% として連立方程式をつくりなさい。　　　　　　　　　　　　　　　　　　　　　　（表現技能）

（13）　連立方程式を解き，x，y を求めなさい。そのときの途中の式も書きなさい。

7 右の図はたて10cm，横15cmの長方形です。点Pは頂点Bを出発して毎秒2cmの速さでAまで進みます。点PがBを出発してからx秒後の△APDの面積を$y$cm^{2}とします。このとき，次の問いに答えなさい。

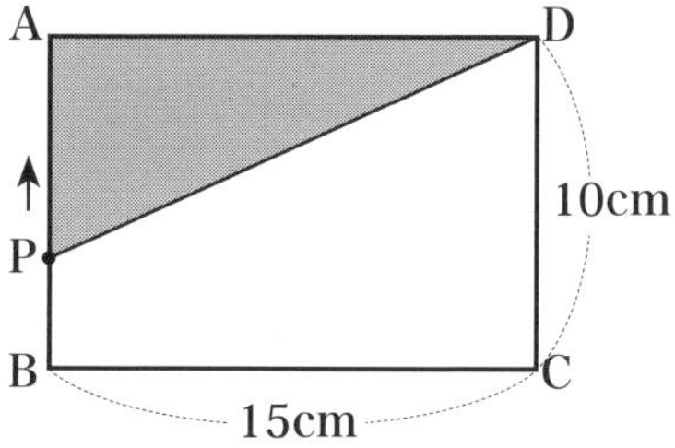

A   D

P

B 15cm C

10cm

(14) y の変域を求めなさい。

(15) y を x の式で表しなさい。

8 A，Bの2個のさいころを同時に投げるとき，次の確率を求めなさい。

(16) 出る目の数の積が偶数になる確率

(17) 出る目の数の積が3の倍数になる確率

(18) 出る目の数の和が奇数になる確率

9 1個 x 円のトマトと，1個 y 円のカボチャがあります。このとき，次の問いに答えなさい。

(19) トマト4個とカボチャ3個を買ったときの代金の合計を求めなさい。

(20) 1500円出して2個のトマトと6個のカボチャを買ったときのおつりは何円ですか。

第3回 数学検定

4級

1次 〈計算技能検定〉

—— 検定上の注意 ——

1. 検定時間は 50 分です。
2. 電卓・ものさし・コンパスを使用することはできません。
3. 解答用紙には答えだけを書いてください。
4. 答えが分数になるとき，約分してもっとも簡単な分数にしてください。

＊解答用紙は 234 ページ

© 成美堂出版

1 次の計算をしなさい。

(1) $\dfrac{3}{4} \times 7\dfrac{1}{5}$

(2) $\dfrac{1}{6} \div 5\dfrac{1}{3}$

(3) $0.8 \times \dfrac{1}{2} \div 1.9$

(4) $\dfrac{5}{4} \times \dfrac{5}{3} + \dfrac{5}{2} \div \dfrac{3}{7}$

(5) $2 \div 0.5 - 7 \div \dfrac{5}{4}$

(6) $-7 - (-8) + (-5)$

(7) $(-2)^3 \times (-4)^2 \times \dfrac{3}{4}$

(8) $-2x + 3 + 10x - 8$

(9) $(-15x + 6) - 2(5x + 4)$

(10) $6(2a - 7) - \dfrac{1}{4}(10a - 6)$

2 次の問いに答えなさい。

(11) 25分は何秒ですか。

(12) 8割3分9厘は何％ですか。

(13) 0.28km^2 は何 m^2 ですか。

3 次の比をもっとも簡単な整数の比にしなさい。

(14) $51 : 34$

(15) $\dfrac{3}{2} : \dfrac{4}{3}$

4 $x = -1$, $y = 5$ のとき，次の式の値を求めなさい。

(16) $-x + \dfrac{4}{15}y$

(17) $2x^2 + 6y$

5 次の方程式を解きなさい。

(18) $5x - 2 = 12 + 3x$

(19) $3.3x - 0.8 = 1.2 + 1.3x$

(20) $\dfrac{2x + 5}{5} + \dfrac{x + 1}{10} = 2$

6 次の計算をしなさい。

(21) $3(5x - 4y) - 8(2x - 7y)$

(22) $\dfrac{9x + 4y}{4} - \dfrac{3x + 7y}{5}$

7 次の連立方程式を解きなさい。

(23) $\begin{cases} x + y = 2 \\ x - 3y = 12 \end{cases}$

(24) $\begin{cases} x = 3y - 1 \\ 2x - y = 23 \end{cases}$

8 次の計算をしなさい。

(25) $(2xy^2)^2 \div (-x^2y)$

(26) $6x^3y^4 \div (4x^4y^3 \div 2x^2y)$

9 次の問いに答えなさい。

(27) 等式 $4x - 5y + 7 = 0$ を y について解きなさい。

(28) 変化の割合が 2 で，$x = -1$ のとき $y = -7$ となる 1 次関数の式を求めなさい。

(29) 正九角形の 1 つの内角の大きさを求めなさい。

(30) 右の図において，$\angle x$ の大きさを求めなさい。

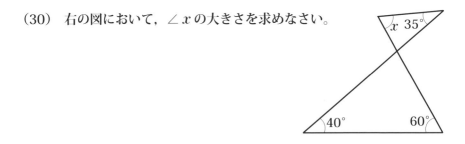

解説・解答▷▶ p.140 〜 p.143

第3回 数学検定

4級

2次 〈数理技能検定〉

── 検定上の注意 ──

1. 検定時間は60分です。
2. 電卓を使用することができます。
3. 解答用紙には答えだけを書いてください。答えと解き方が指示されている場合は，その指示にしたがってください。
4. 答えが分数になるとき，約分してもっとも簡単な分数にしてください。

＊解答用紙は235ページ

Ⓒ 成美堂出版

1 　A 君の家から学校までは 2km の距離です。A 君は学校に行くとき，途中の B さんの家までは時速 9km で走り，B さんの家から学校までは時速 4km で一緒に歩いて，A 君が家を出てから 20 分で学校に着きます。このとき，次の問いに答えなさい。

(1)　A 君の家から B さんの家までの距離を $x$km とするとき，B さんの家から学校までの距離を x を用いて表しなさい。

(2)　方程式をつくり，A 君の家から B さんの家までの距離，B さんの家から学校までの距離をそれぞれ求めなさい。

2 　下の図のように，正八角形 ABCDEFGH は ℓ を対称の軸とする線対称な図形です。このとき，次の問いに答えなさい。

(3)　頂点 D に対応する頂点はどれですか。

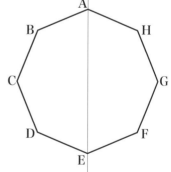

(4)　正八角形 ABCDEFGH の対称の軸は ℓ 以外に何本ありますか。

3 　下の表は，あるクラスの漢字テストの得点表です。これについて次の問いに答えなさい。　　　　　　　　　　　　（統計技能）

得点（点）	0	10	20	30	40	50
人数（人）	1	3	x	15	y	4

(5)　30 点の生徒はクラス全体の 30％でした。このクラスの人数を求め，単位をつけて答えなさい。

(6)　このクラス全体の平均点は 31.6 点でした。このとき表の中の x，y の値を求めなさい。

4 　右の図で，AD = BD，∠ CAD = ∠ CBD です。また，AE = BC です。このとき，次の問いに答えなさい。

（証明技能）

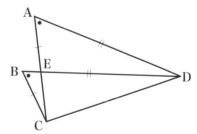

(7)　BD が∠ ADC の二等分線であることを証明するには，どの三角形とどの三角形が合同であることを示せばよいですか。

(8)　(7)にもとづいて，BD が∠ ADC の二等分線であることを証明しなさい。

5 右の図のような側面が二等辺三角形である四角錐 A-BCDE があります。この四角錐の底面は2辺が5cmと8cmの長方形であり，体積は160cm³です。このとき，次の問いに答えなさい。

（測定技能）

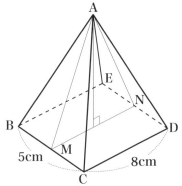

(9) この四角錐の高さは何 cm ですか。

(10) 辺 BC の中点を M，辺 DE の中点を N とするとき，△AMN の面積は何 cm² になりますか。

6 下の図のように，3点 A (0, 4)，B (− 4, 0)，C (4, 0) があります。4点 D，E，F，G がそれぞれ線分 OC，CA，AB，BO 上にあるような長方形 DEFG をつくるとき，次の問いに答えなさい。

(11) 点 D の x 座標が1のとき，長方形 DEFG の面積を求めなさい。

(12) 長方形 DEFG が正方形になるとき，点 E の座標を求めなさい。

(13) 長方形 DEFG において，GD：ED = 2：1 のとき，△AFE の面積を求めなさい。

7 　500 円玉，100 円玉，10 円玉が 1 枚ずつ，合計 3 枚の硬貨を同時に投げます。このとき，次の問いに答えなさい。

(14)　硬貨の表裏の出方は何通りありますか。

(15)　3 枚とも表が出る確率を求めなさい。

(16)　表が 1 枚，裏が 2 枚出る確率を求めなさい。

8 　次の表は，5 か国についてある年の世界遺産の数をまとめたものです。これについて，下の問いに答えなさい。　　　　　（統計技能）

地域	合計	文化遺産	自然遺産	複合遺産
イタリア	49	45	4	0
ロシア	25	15	10	0
アメリカ	21	8	12	1
チェコ	12	12	0	0
アルゼンチン	8	4	4	0

(17)　合計に対する自然遺産の数の割合がいちばん高い国はどこですか。

(18)　上の表の 5 か国について，世界遺産の合計に対する自然遺産の合計の割合を，小数第 3 位を四捨五入して小数第 2 位まで求めなさい。

9 右の図のように，点 O(0, 0)，点 A(4, 5)，点 B(6, 0) を結んで△AOB をつくります。このとき，次の問いに答えなさい。

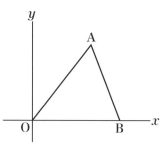

(19) 点 O を通り，△AOB の面積を二等分する直線の式を求めなさい。

(20) 点 A を通り，△AOB の面積を二等分する直線の式を求めなさい。

第4回　数学検定

4級

1次　〈計算技能検定〉

── 検定上の注意 ──

1. 検定時間は 50 分です。
2. 電卓・ものさし・コンパスを使用することはできません。
3. 解答用紙には答えだけを書いてください。
4. 答えが分数になるとき，約分してもっとも簡単な分数にしてください。

＊解答用紙は 236 ページ

Ⓒ 成美堂出版

$\boxed{1}$ 次の計算をしなさい。

(1) $2\dfrac{1}{7} \times 3\dfrac{2}{5}$

(2) $4\dfrac{1}{5} \div \dfrac{7}{8}$

(3) $2.3 \div 1\dfrac{1}{6} \div \dfrac{5}{3}$

(4) $\dfrac{3}{2} + \dfrac{5}{4} \div \dfrac{5}{3}$

(5) $\dfrac{7}{2} - 8 \div 1.6$

(6) $11 + (-15) - (-8)$

(7) $\left(-\dfrac{3}{2}\right)^2 \div (-2^2)$

(8) $-3x + 8 - 9 + 15x$

(9) $4(6x - 1) - (5x - 8)$

(10) $\dfrac{4}{3}(3x + 6) - 5(x - 1)$

$\boxed{2}$ 次の $\boxed{}$ にあてはまる数を求めなさい。

(11) 450mL は $\boxed{}$ L です。

(12) $\boxed{}$ g の 2 割 5 分は 160g です。

(13) 秒速 25m は時速 $\boxed{}$ km です。

3 次の比をもっとも簡単な整数の比にしなさい。

(14) $63 : 42$

(15) $\dfrac{2}{15} : \dfrac{8}{3}$

4 $x = 2$，$y = -3$ のとき，次の式の値を求めなさい。

(16) $\dfrac{4x + y}{5}$

(17) $x^2 + xy + 2y^2$

5 次の方程式を解きなさい。

(18) $4x - 3 = 3x + 9$

(19) $0.5x - 2 = x + 13$

(20) $\dfrac{x + 2}{4} + \dfrac{3x - 1}{2} = 8$

6 次の計算をしなさい。

(21) $11(x - y) + 4(3x - 5y)$

(22) $\dfrac{2x + 5y}{3} - \dfrac{x + y}{8}$

7 次の連立方程式を解きなさい。

(23) $\begin{cases} 5x = 2y + 7 \\ 3x + 4y = -1 \end{cases}$

(24) $\begin{cases} \dfrac{x + 5}{5} + 2y = -8 \\ x + \dfrac{x + y}{2} = 5 \end{cases}$

解説・解答▷▶ p.157 〜 p.170

8 次の計算をしなさい。

(25) $7xy \times (-4xy^2)^2$

(26) $6xy \times 2x^2y^2 \div (-18x)$

9 次の問いに答えなさい。

(27) 等式 $3x - 4y = 5$ を y について解きなさい。

(28) 2点 $(1,\ 1)$, $(3,\ 5)$ を通る直線の式を求めなさい。

(29) 右の図において，$\angle x$
の大きさを求めなさい。

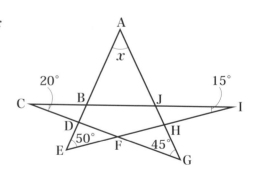

(30) 右の図において，$\ell \;/\!/\; m$ のとき，
$\angle x$ の大きさを求めなさい。

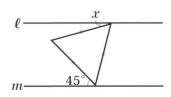

第4回　数学検定

4級

2次　〈数理技能検定〉

── 検定上の注意 ──

1. 検定時間は60分です。
2. 電卓を使用することができます。
3. 解答用紙には答えだけを書いてください。答えと解き方が指示されている場合は，その指示にしたがってください。
4. 答えが分数になるとき，約分してもっとも簡単な分数にしてください。

＊解答用紙は237ページ

Ⓒ 成美堂出版

1 姉が持っているえん筆の本数が，妹が持っているえん筆の本数の5倍より2本多いとき，次の問いに答えなさい。

(1) 妹が持っているえん筆の本数を x 本とするとき，姉の持っているえん筆の本数を x を用いて表しなさい。 （表現技能）

(2) いま，姉の持っているえん筆のうち，3本を妹にあげたところ，姉の持っているえん筆の本数は妹の持っているえん筆の本数の3倍になりました。はじめに姉が持っていたえん筆の本数を求めなさい。

2 現在父はA君のちょうど4倍の年齢です。4年後に父がA君のちょうど3倍の年齢になります。このとき，次の問いに答えなさい。

(3) 現在のA君の年齢を x 歳，父の年齢を y 歳として連立方程式をつくりなさい。 （表現技能）

(4) (3)の連立方程式を解き，x，y の値をそれぞれ求めなさい。この問題は，計算の途中の式と答えを書きなさい。

3 　4枚のコインを同時に1回投げます。このとき、次の問いに答えなさい。

(5)　表が1枚、裏が3枚出る確率を求めなさい。

(6)　少なくとも1枚裏が出る確率を求めなさい。

2次

第4回　問題

4 　次の文章が示す数量の関係を文字式で表しなさい。

(7)　a％の食塩水100gと、b％の食塩水200gを混ぜてできる食塩水の濃度（％）。

(8)　上底の長さが下底の長さの半分で、上底の長さが$x$cm、高さが$y$cmの台形の面積。

5 右の図において，AB = AC で，∠ B の二等分線が辺 AC と交わる点を D，∠ C の二等分線が辺 AB と交わる点を E とします。このとき，次の問いに答えなさい。

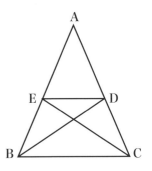

(9) △ ABD と合同な三角形を答えなさい。

(10) △ ABD と（9）で答えた三角形が合同であることを証明しなさい。

(11) 四角形 EBCD はどのような四角形ですか。下の①〜④の中から 1 つ選び，その番号で答えなさい。

①正方形　　　②ひし形　　　③台形　　　④平行四辺形

6 右の図は，たて 24cm，横 30cm の長方形です。点 P は頂点 A を出発して毎秒 2cm の速さで点 B まで進みます。点 P が A を出発してから x 秒後の△ APD の面積を $y$cm² とします。このとき，次の問いに答えなさい。

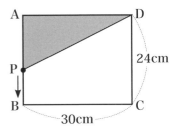

(12) x の変域を求めなさい。

(13) y を x の式で表しなさい。

(14) x, y の関係を，グラフに表しなさい。

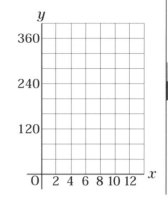

7 次の表は，ある年の自動車の輸出台数の多い国を一覧表にしたものです。この表について，次の問いに答えなさい。　　（統計技能）

国名	台数（万台）
大韓民国	277
アメリカ合衆国	150
スペイン	208
日本	484
ドイツ	449
フランス	479

(15) フランスはスペインより何万台輸出台数が多いですか。

(16) 輸出台数が1位の国は4位の国のおよそ何倍の台数を輸出していますか。小数第2位を四捨五入して小数第1位まで求めなさい。

8 右の図のように，x 軸と点 A $(4, 0)$，y 軸と点 B $(0, 3)$ で交わる直線 ℓ があります。このとき，次の問いに答えなさい。

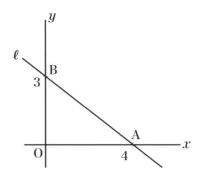

(17) 直線 ℓ の方程式を求めなさい。

(18) 点 A を通る直線 m が $\triangle$ OAB の面積を二等分するとき，直線 m の方程式を求めなさい。

9 右の図は，A さんの 5 教科の試験の合計点の中で，各教科の点数がしめる割合を円グラフにしたものです。このとき，次の問いに答えなさい。

(19) 数学のおうぎ形の中心角の大きさを求めなさい。

(20) A さんの 5 教科の合計点は 400 点でした。理科の点数は何点ですか。

第5回　数学検定

4級

1次　〈計算技能検定〉

――― 検定上の注意 ―――

1. 検定時間は 50 分です。
2. 電卓・ものさし・コンパスを使用することはできません。
3. 解答用紙には答えだけを書いてください。
4. 答えが分数になるとき，約分してもっとも簡単な分数にしてください。

＊解答用紙は 238 ページ

Ⓒ 成美堂出版

1 次の計算をしなさい。

(1) $\dfrac{4}{5} \times 3\dfrac{1}{6}$

(2) $\dfrac{7}{6} \div 5\dfrac{1}{3}$

(3) $0.3 \times \dfrac{1}{2} \div \dfrac{3}{2}$

(4) $\dfrac{5}{4} \times \dfrac{7}{15} + \dfrac{9}{2} \div \dfrac{15}{8}$

(5) $5 \div 0.9 - 2 \div \dfrac{3}{8}$

(6) $-5 - (+8) - (-35)$

(7) $\{-3 - (-5) \times 2\}^2 \div \dfrac{3}{5}$

(8) $-9x + 15 + 4x - 17$

(9) $(-8x + 3) - 4(5x + 4)$

(10) $5(2a - 3) - \dfrac{4}{5}(10a - 15)$

2 次の問いに答えなさい。

(11) 2.5 時間は何分ですか。

(12) 7割4分2厘は何％ですか。

(13) 30a は何 km^2 ですか。

3 次の比をもっとも簡単な整数の比にしなさい。

(14) $45 : 81$

(15) $0.7 : 0.84$

4 $x = -5$, $y = 3$ のとき，次の式の値を求めなさい。

(16) $4x - x^2 y$

(17) $\dfrac{2x + 3y}{5}$

5 次の方程式を解きなさい。

(18) $x + 3 = 3x - 1$

(19) $0.3x - 1 = 1.2x + 0.8$

(20) $\dfrac{x + 3}{3} - \dfrac{7 - x}{4} = 1$

6 次の計算をしなさい。

(21) $-3(2x - y) + 2(2x + 3y)$

(22) $\dfrac{5x - y}{2} + \dfrac{x + 4y}{3}$

7 次の連立方程式を解きなさい。

(23) $\begin{cases} 7x + 4y = 15 \\ 5x + 8y = 48 \end{cases}$

(24) $\begin{cases} 0.4x - 2.5y = 0.9 \\ x - \dfrac{y - 7}{4} = -2 \end{cases}$

8 次の計算をしなさい。

(25) $5xy^2 \times (-17x^2y^3)$

(26) $14xy^2 \div (-7y) \times x^4y^3$

9 次の問いに答えなさい。

(27) 等式 $3x - 5y = 2$ を x について解きなさい。

(28) 傾きが 2 で，点 $(5, -1)$ を通る直線の式を求めなさい。

(29) 正 n 角形を，1 つの頂点からひいた対角線によってできる三角形に分割したら，三角形が 5 つできました。n の値を求めなさい。

(30) 右の図において，$\ell \;/\!/\; m$ のとき，$\angle x$ の大きさを求めなさい。

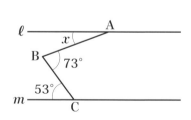

第5回　数学検定

4級

2次　〈数理技能検定〉

──── 検定上の注意 ────

1. 検定時間は 60 分です。
2. 電卓を使用することができます。
3. 解答用紙には答えだけを書いてください。答えと解き方が指示
   されている場合は，その指示にしたがってください。
4. 答えが分数になるとき，約分してもっとも簡単な分数にしてく
   ださい。

＊解答用紙は 239 ページ

Ⓒ 成美堂出版

1 右の図のような長方形 ABCD を直線 ℓ を軸として1回転させてできる立体について，次の問いに答えなさい。

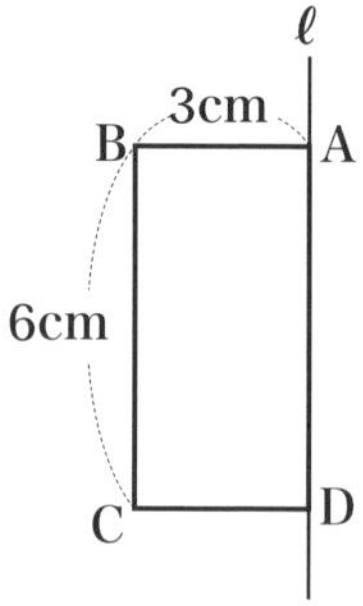

(1) この立体を，回転の軸をふくむ平面で切ると，切り口はどんな図形になりますか。

(2) この立体の体積を単位をつけて答えなさい。ただし，円周率を π とします。

2 25本の重さが75gのくぎがあります。このとき，次の問いに答えなさい。

(3) くぎの本数を x 本，重さを y g とするとき，y を x を用いた式で表しなさい。

(4) このくぎと同じ種類のくぎが何本で450gになりますか。

3 P 地点から Q 地点まで 200km の距離があります。A さんは，P 地点を自動車で出発し，時速 40km の一定の速さで Q 地点に向かいました。A さんが P 地点を出発してから x 時間後の，Q 地点までの残りの距離を $y$km とするとき，次の問いに答えなさい。

(5) x の変域を求めなさい。

(6) y を x の式で表しなさい。

2次

第5回　問題

4 大小 2 個のさいころを投げるとき，次の問いに答えなさい。

(7) 出る目の数の和が 7 以下である確率を求めなさい。

(8) 出る目の数の積が 9 の倍数である確率を求めなさい。

5 右の図において，AB ＝ AC で，点 D，E をそれぞれ AB，AC の中点とします。このとき，次の問いに答えなさい。 （証明技能）

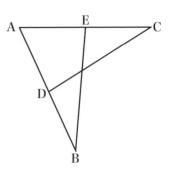

(9) BE ＝ CD を示すためには，その前に何を示すことが必要ですか。

(10) BE ＝ CD となることを証明しなさい。

6 A の家から学校まで行く途中にスーパーマーケットがあります。いつもは家からスーパーマーケットまで毎分 60m で歩き，スーパーマーケットから学校までは毎分 40m で歩いて，合わせて 30 分かかります。ある日，いつもと同じ時刻に家を出て，スーパーマーケットまで毎分 70m で歩いてきましたが，そこで忘れ物に気がつき，毎分 116m で走って家まで帰り，そのままの速さで学校まで走っていきました。すると，いつもより 2 分遅く学校に着きました。このとき，次の問いに答えなさい。

(11) A の家からスーパーマーケットまでの距離を x m，スーパーマーケットから学校までの距離を y m として，連立方程式をつくりなさい。

(12) 連立方程式を解き，x，y を求めなさい。

7 ある水そうに水がたまっています。毎分 4 リットルずつくみ出すと 60 分で空になります。このとき，次の問いに答えなさい。

(13) 毎分 x リットルずつくみ出すと y 分で空になるとして，y を x の式で表しなさい。 （表現技能）

(14) 毎分 5 リットルずつくみ出すと何分で空になりますか。

8 次の文章が示す数量の関係を文字式で表しなさい。 （表現技能）

(15) A 君，B 君，C 君，D 君の身長がそれぞれ $a$cm，$b$cm，$c$cm，$d$cm のとき，4 人の身長の平均。

(16) x 割引きの元値が 1500 円の商品と，y 割引きの元値が 800 円の商品を買ったときの合計の代金。

(17) 8 でわると商が x で余りが 4 となる整数。

9 　下の表は，ある年の世界の米の生産量の多い国を表にしたものです。このとき，次の問いに答えなさい。

国　名	生産量（トン）
インドネシア	6574万900
ベトナム	4233万1600
タイ	3458万8400
フィリピン	1688万4100
カンボジア	863万9000
ミャンマー	3280万
バングラデシュ	5062万7000
中華人民共和国	2億260万7270
ブラジル	1347万7000
インド	1億5570万
合　計	6億2339万5270

(18)　中華人民共和国の生産量はフィリピンの生産量の何倍ですか。上から3けたの概数で計算し，四捨五入して，上から3けたの概数で答えなさい。

(19)　上の表の10か国の生産量の合計は6億2339万5270トンでした。この表の生産量の合計をもとにしたとき，インドの生産量の割合は何%ですか。上から3けたの概数で計算し，四捨五入して，上から3けたの概数で答えなさい。

(20)　上の表を円グラフに表します。カンボジアの中心角は何度になりますか。上から2けたの概数で計算し，四捨五入して，上から2けたの概数で答えなさい。

読んでおぼえよう解法のコツ
4級
解説・解答

　本試験と同じ形式の問題5回分のくわしい解説と解答がまとめられています。鉛筆と計算用紙を用意して，特に，わからなかった問題やミスをした問題をじっくり検討してみましょう。そうすることにより，数学検定4級合格に十分な実力を身につけることができます。

　大切なことは解答の誤りを見過ごさないで，単純ミスか，知識不足か，考え方のまちがいか，原因をつきとめ，二度と誤りをくり返さないようにすることです。そのため，「解説・解答」を次のような観点でまとめ，参考書として活用できるようにしました。

 問題を解くときに必要な基礎知識や重要事項をまとめてあります。

 小宮山先生からの一言アドバイス（ミスしやすいところ，計算のコツ，マル秘テクニック，試験対策のヒントなど）

 問題を解くときのポイントとなるところ

 参考になることがらや発展的，補足的なことがらなど

 問題解法の原則や，問題を解くうえで，知っておくと役に立つことがらなど

（難易度）　⬛⬜⬜：易　　⬛⬛⬜：中程度　　⬛⬛⬛：難

第1回 1次 計算技能

1 次の計算をしなさい。

□ (1) $2\frac{2}{3} \times 3\frac{3}{4}$

《分数の乗法》 ———————————————— ▨▨▨

$$2\frac{2}{3} \times 3\frac{3}{4}$$

帯分数を仮分数になおします。

$$= \frac{8}{3} \times \frac{15}{4}$$

約分します。

$$= \frac{\overset{2}{\cancel{8}} \times \overset{5}{\cancel{15}}}{\underset{1}{\cancel{3}} \times \underset{1}{\cancel{4}}} = \frac{10}{1} = 10 \quad \cdots\cdots 答$$

分数の計算では，途中で約分できるときは約分します。

✏ **重要** **分数のかけ算**

分数に分数をかける計算では，分母どうし，分子どうしをかけます。

$$\frac{b}{a} \times \frac{d}{c} = \frac{b \times d}{a \times c}$$

□ (2) $2\frac{1}{2} \div 3\frac{1}{3}$

《分数の除法》 ———————————————— ▨▨▨

$$2\frac{1}{2} \div 3\frac{1}{3}$$

帯分数を仮分数になおします。

$$= \frac{5}{2} \div \frac{10}{3}$$

わる数の逆数をかける乗法になおします。

$$= \frac{5}{2} \times \frac{3}{10}$$

$$= \frac{\overset{1}{\cancel{5}} \times 3}{2 \times \cancel{10}} \quad \cdots 約分します。$$
$$\phantom{= \frac{5 \times 3}{2}} {}_{2}$$

$$= \frac{3}{4} \quad \cdots\cdots \text{答}$$

 逆数

2つの数の積が1になるとき，一方の数を他方の数の逆数といいます。

分数の逆数は，分母と分子を入れかえた数になります。

例 $\dfrac{2}{3}$ の逆数 → $\dfrac{3}{2}$　　　　$\dfrac{3}{2}$ の逆数 → $\dfrac{2}{3}$

1 の逆数 → 1 　　　　　$\boxed{\dfrac{b}{a} \text{ の逆数は } \dfrac{a}{b}}$

分数のわり算

分数を分数でわる計算では，わる数の逆数をかけます。

$$\frac{b}{a} \div \frac{d}{c} = \frac{b}{a} \times \frac{c}{d}$$

□ (3)　$\dfrac{1}{3} + 1\dfrac{1}{2} \div 2\dfrac{1}{4}$

 《加法・除法のまじった分数の計算》 ————————

$$\dfrac{1}{3} + 1\dfrac{1}{2} \div 2\dfrac{1}{4}$$
帯分数を仮分数になおします。

$$= \dfrac{1}{3} + \dfrac{3}{2} \div \dfrac{9}{4}$$
わる数の逆数をかける乗法だけの式になおします。

$$= \dfrac{1}{3} + \dfrac{3}{2} \times \dfrac{4}{9}$$

$$= \dfrac{1}{3} + \dfrac{\overset{1}{\cancel{3}} \times \overset{2}{\cancel{4}}}{\underset{1}{\cancel{2}} \times \underset{3}{\cancel{9}}} \quad \cdots 約分します。$$

$$= \dfrac{1}{3} + \dfrac{2}{3} = \dfrac{3}{3} = \boxed{1} \quad \cdots\cdots \text{答}$$

問題 ◀ p.16 　67

分数のたし算とわり算のまじった計算

　分数のたし算とわり算のまじった計算では，先にわり算を逆数を使って計算し，後からたし算を計算します。

$$\frac{b}{a} + \frac{d}{c} \div \frac{f}{e} = \frac{b}{a} + \frac{d}{c} \times \frac{e}{f}$$

例　$\dfrac{2}{5} + \dfrac{3}{5} \div \dfrac{3}{4} = \dfrac{2}{5} + \dfrac{3}{5} \times \dfrac{4}{3} = \dfrac{2}{5} + \dfrac{4}{5} = \dfrac{6}{5} = 1\dfrac{1}{5}$

☐ (4)　$1\dfrac{4}{5} \times \dfrac{1}{3} - 0.1$

 《小数や分数をふくむ計算》—————————————

$1\dfrac{4}{5} \times \dfrac{1}{3} - 0.1$ 　）帯分数を仮分数になおし，小数を分数になおします。

$= \dfrac{9}{5} \times \boxed{\dfrac{1}{3}} - \boxed{\dfrac{1}{10}}$

$= \dfrac{9 \times \overset{\boxed{3}}{1}}{5 \times \underset{\boxed{1}}{3}} - \boxed{\dfrac{1}{10}}$　…約分します。

$= \dfrac{3}{5} - \boxed{\dfrac{1}{10}}$　　）通分します。

$= \dfrac{6}{10} - \boxed{\dfrac{1}{10}}$

$= \dfrac{\boxed{1}}{\underset{\boxed{2}}{5}}{10}$　…約分します。

$= \boxed{\dfrac{1}{2}}$　……**答**

　2.5 を分数になおすときは，分母を 10 の分数になおしてから約分します。

$$2.5 = \frac{25}{10} = \frac{5}{2}$$

 小数や分数をふくむ計算

　小数や分数をふくむ計算では，小数を分数になおして計算します（ただし，分数を小数になおして計算したほうが簡単な場合もあります）。

□ (5)　$1 - (-2) + 3 + (-4)$

《正負の数の加減》 ———————————

$1 - (-2) + 3 + (-4)$

項を並べた式になおします。

$= 1 + \boxed{2} + 3 - \boxed{4}$

$= \boxed{2}$ ‥‥‥ 答

 答えの符号が＋のときは，＋をはぶいてもかまいません。

 正負の数の加法・減法

　正負の数の加法・減法では，かっこをはずして項を並べた形にして計算します。

例　$-9 + (-7) - (-6)$
$= \underbrace{-9 - 7 + 6}_{\text{項を並べた式}} = -10$

□ (6)　$2^3 - (-3)^2$

《累乗をふくむ正負の数の加法・減法》 ———————

$2^3 - (-3)^2$

累乗を計算します。

$= \boxed{8} - \boxed{(+9)}$

$= \boxed{8} - 9$

項を並べた式になおします。

$= \boxed{-1}$ ‥‥‥ 答

ポイント
$2^3 = (2 \times 2 \times 2) = 8$
$(-3)^2 = (-3) \times (-3) = 9$

 累乗をふくむ計算

　累乗をふくむ計算では，**累乗→乗除→加減**の順に計算します。

例　$(-2)^2 \times (-4^2) \times \dfrac{1}{2} = \underline{4} \times \underline{(-16)} \times \dfrac{1}{2} = -32$

□ (7)　$72 \div (-2)^3 \div 3^2$

 《累乗をふくむ正負の数の乗法・除法》—————————

$72 \div (-2)^3 \div 3^2$ ⎫ 累乗を計算します。

$= 72 \div (\boxed{-8}) \div \boxed{9}$ ⎫ 除法を乗法になおします。

$= 72 \times \left(\boxed{-\dfrac{1}{8}}\right) \times \boxed{\dfrac{1}{9}}$

$= -\dfrac{\overset{1}{\overset{9}{72}}}{\underset{1}{\boxed{8}} \times \underset{1}{\boxed{9}}}$ …約分します。

$= \boxed{-1}$ ……答

□ (8)　$-x + 5 + 2x - 8$

 《1次式の加法・減法》—————————————

$-x + 5 + 2x - 8$ ⎫ 文字が同じ項どうし，数の項どうしを

$= -x + 2x + 5 - 8$ ⎭ まとめます。

$= \boxed{x - 3}$ ……答

 1次式の加法・減法

　文字が同じ項どうし，数の項どうしを集めて，それ

ぞれまとめます。

□ (9)　$2(2x - 1) - 3(x - 1)$

 《かっこがある1次式の加法・減法》—————————

$2(2x - 1) - 3(x - 1)$ ⎫ 分配法則でかっこをはずします。

$= \boxed{4x} - 2 - \boxed{3x} + 3$ ⎫ 文字が同じ項どうし，数の項どう

$= \boxed{4x} - \boxed{3x} - 2 + 3$ ⎭ しをまとめます。

$= \boxed{x} + \boxed{1}$ ……答

かっこの前の符号が−の場合は,かっこをはずすとき,符号が反対になることに注意!

□ (10) $4\left(\dfrac{1}{2}x+\dfrac{3}{2}\right)+\dfrac{1}{3}(-9x+6)$

解説・解答　《かっこがある1次式の加法・減法》

$$4\left(\frac{1}{2}x+\frac{3}{2}\right)+\frac{1}{3}(-9x+6)$$
$$= 2x + 6 - \boxed{3}x + \boxed{2}$$
$$= 2x - \boxed{3}x + 6 + \boxed{2} = \boxed{-x+8} \quad \cdots\cdots 答$$

⟩ 分配法則でかっこをはずします。

⟩ 文字が同じ項どうし,数の項どうしをまとめます。

2　次の問いに答えなさい。

□ (11)　1.3kg は何 g ですか。

解説・解答　《重さの単位》

$1kg = \boxed{1000}$ g ですから, 0.3kg は $\boxed{300}$ g です。

$$1.3kg = \boxed{1300}\ g$$

答　$\boxed{1300}$ g

□ (12)　210 分は何時間何分ですか。

解説・解答　《時間の単位》

$$210 分 = \frac{\boxed{210}}{60} 時間 = 3\frac{\boxed{30}}{60} 時間ですから,$$

$$210 分 = \boxed{3} 時間 \boxed{30} 分$$

答　$\boxed{3}$ 時間 $\boxed{30}$ 分

ポイント
「分」の単位で表された時間を,分母を 60 とする分数にして「時間」の単位で表します。

解説・別解

$$210 \div 60 = \boxed{3} あまり \boxed{30}$$

答　$\boxed{3}$ 時間 $\boxed{30}$ 分

□ **(13)** 130cm² は何 m² ですか。

 《面積の単位》—————————————

10000cm² = $\boxed{1}$ m² ですから,

130cm² = $\boxed{0.013}$ m²　　　　　　　　　**答** $\boxed{0.013}$ m²

1 辺が 100cm の正方形の面積が 1m² ですね。

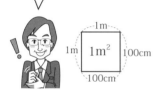

ワンポイント・アドバイス

下のような表をつくって考えると便利です。

	kg			g			mg
	1	3	0	0			

			m²			cm²
			0	0	1	3	0

1m² = 100cm × 100cm = 10000cm²

 重要　　**重さ・時間・面積の単位**

1t = 1000kg　　　1 kg = 1000g　　1g = 1000 mg

1 時間 = 60 分　　　1 分 = 60 秒

1km² = 1000000m²　　　1m² = 10000cm²

3　次の比をもっとも簡単(かんたん)な整数の比にしなさい。

□ **(14)**　75 : 125

 《比を簡単にする》—————————————

75 : 125

= (75 ÷ $\boxed{25}$) : (125 ÷ $\boxed{25}$)　　…75 と 125 の最大公約数 25

= $\boxed{3}$: $\boxed{5}$　　　　　　　　　　　　でわります。

　　　　　　　　　　　　　　　　　　答 $\boxed{3}$: $\boxed{5}$

ワンポイント・アドバイス

75 と 125 の最大公約数は右のようにして　　　5) 75　125
求めることができます。5 × 5 = 25　　　　　5) 15　25
　　　　　　　　　　　　　　　　　　　　　　　3　　5

□ (15) $\dfrac{7}{15} : \dfrac{4}{45}$

 《比を簡単にする》

$$\dfrac{7}{15} : \dfrac{4}{45}$$

$$= \left(\dfrac{7}{15} \times \boxed{45}\right) : \left(\dfrac{4}{45} \times \boxed{45}\right)$$

15 と 45 の最小公倍数 45 をかけて整数の比で表します。

$$= \boxed{21} : \boxed{4}$$

答　$\boxed{21} : \boxed{4}$

 比の性質

$a:b$ の a, b に同じ数をかけたり，a, b を同じ数でわったりしてできる比は，すべて 等しい比 になります。

比を簡単にする

比を，それと等しい比で，できるだけ小さい整数の比で表すことを，比を簡単にするといいます。

比例式

$a:b = c:d$ ならば，$ad = bc$

4 $x = 4$, $y = -2$ のとき，次の式の値を求めなさい。

□ (16) $4x - 3y$

 《式の値》

$4x - 3y$ に，$x = 4$, $y = -2$ を代入すると，

$4x - 3y = 4 \times \boxed{4} - 3 \times \boxed{(-2)}$

$= \boxed{16} + \boxed{6}$

$= \boxed{22}$

ポイント
負の数はかっこをつけて代入します。

答　$\boxed{22}$

(17) $x^3 + 3xy^2$

 《式の値》 ──────────────

$x^3 + 3xy^2$ に，$x = 4$，$y = -2$ を代入すると，

$4^3 + 3 \times \boxed{4} \times (\boxed{-2})^2$

$= \boxed{64} + 3 \times \boxed{4} \times \boxed{4}$

$= \boxed{64} + \boxed{48} = \boxed{112}$ 答 $\boxed{112}$

> **式の値**
> 文字式に数値を代入して計算した結果を式の値といいます。

5 次の方程式を解きなさい。

 (18) $8x - 6 = 12 + 5x$

《1 次方程式》 ──────────────

$8x - 6 = 12 + 5x$

$\boxed{5x}$，-6 を移項すると，$8x - \boxed{5x} = 12 + \boxed{6}$

$\boxed{3x} = \boxed{18}$

$x = \boxed{6}$ 答 $x = \boxed{6}$

 (19) $3.2x - 1.2 = 2.1 - 1.1x$

《1 次方程式》 ──────────────

$3.2x - 1.2 = 2.1 - 1.1x$

両辺を 10 倍すると，$32x - 12 = 21 - 11x$

-12，$\boxed{-11x}$ を移項すると，

$32x + \boxed{11x} = 21 + \boxed{12}$

$\boxed{43x} = \boxed{33}$

$x = \boxed{\dfrac{33}{43}}$

> x の係数を整数にするために，両辺を 10 倍します。

 答 $x = \boxed{\dfrac{33}{43}}$

□ (20) $\dfrac{x+5}{2} + \dfrac{x-1}{3} = 2$

 《1次方程式》 ————————————————

$$\dfrac{x+5}{2} + \dfrac{x-1}{3} = 2$$

両辺を6倍すると，

2と3の
最小公倍数

$\boxed{3}(x+5) + \boxed{2}(x-1) = \boxed{12}$

$\boxed{3x} + 15 + \boxed{2x} - \boxed{2} = \boxed{12}$

$5x = \boxed{-1}$

$x = \boxed{-\dfrac{1}{5}}$ 　　　**答** $x = \boxed{-\dfrac{1}{5}}$

重要

1次方程式

（1次式）＝ 0 の形に変形できる方程式を1次方程式といいます。

1次方程式の解き方

① 係数に小数や分数があるときは，両辺に適当な数をかけて，係数を整数にします。かっこがあればはずします。

② 移項して，文字がある項どうし，数の項どうしを集めます。

③ 両辺を整理して $ax = b$ の形にします。

④ 両辺を x の係数でわります。

例 $0.5x + 1.4 = 0.2x + 3.5$ を解く。

両辺に 10 をかけると，　　$5x + 14 = 2x + 35$

14, $2x$ を移項すると，　$5x - 2x = 35 - 14$

整理すると，　　　　　　　　　$3x = 21$

両辺を3でわると，　　　　　　　$x = 7$

6 次の計算をしなさい。

☐ (21)　$3(4a + b) - 2(3a - 2b)$

 《文字式の計算》 ————————————————— ●●●◌

$3(4a + b) - 2(3a - 2b)$

$= 12a + 3b \boxed{- 6a + 4b}$ 　　　}　分配法則でかっこをはずします。

$= 12a \boxed{- 6a} + 3b + \boxed{4b}$ 　}　同類項をまとめます。

$= \boxed{6a + 7b}$ 　……答

> ✎ **多項式と数の乗法**
> 重要
> 　多項式と数の乗法は，次のように分配法則を使って計算することができます。
> **例**　$3(2a + b) = 3 \times 2a + 3 \times b = 6a + 3b$

☐ (22)　$\dfrac{x + y}{4} - \dfrac{2x - y}{6}$

 《分数をふくむ式の計算》 ————————————————— ●●●◌

$\dfrac{x + y}{4} - \dfrac{2x - y}{6}$

$= \dfrac{\boxed{3}(x + y) - \boxed{2}(2x - y)}{12}$ 　　　}　通分します。

$= \dfrac{\boxed{3x + 3y - 4x + 2y}}{12}$ 　　}　かっこをはずし，同類項をまとめます。

$= \dfrac{3x - 4x + 3y + 2y}{12} = \dfrac{\boxed{-x + 5y}}{12}$ ……答

> ✎ **分数をふくむ式の計算**
> 重要
> 　分数をふくむ式の計算は，通分する→１つの分数にまとめる→分子のかっこをはずす→同類項をまとめるという手順で計算することができます。

7 次の連立方程式を解きなさい。

□ (23) $\begin{cases} 2x - y = 10 \\ x + y = 5 \end{cases}$

 《連立方程式》 ────────────────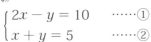

$\begin{cases} 2x - y = 10 & \cdots\cdots① \\ x + y = 5 & \cdots\cdots② \end{cases}$

$\begin{array}{r} ① \quad 2x - y = 10 \\ ② \quad +)\ \underline{x + y = 5} \\ \boxed{3x} \qquad = \boxed{15} \\ x \qquad = \boxed{5} \end{array}$

$x = 5$ を②に代入すると，

$\boxed{5} + y = 5$

$y = \boxed{0}$

ポイント
加減法で，y を消去します。消去する y の係数は異符号ですから，加えます。

答 $x = \boxed{5}$, $y = \boxed{0}$

$\begin{cases} 2x - y = 10 & \cdots\cdots① \\ x + y = 5 & \cdots\cdots② \end{cases}$

①を y について解くと，

$y = \boxed{2x - 10} \qquad \cdots\cdots③$

③を②に代入すると，

$x + \boxed{2x - 10} = 5$

$3x = \boxed{15}$

$x = \boxed{5}$

ポイント
代入法で，y を消去します。

$x = 5$ を③に代入すると，

$y = \boxed{10 - 10}$

$y = \boxed{0}$ **答** $x = \boxed{5}$, $y = \boxed{0}$

方程式の形を見て，加減法と代入法のうち，解きやすいほうで解きましょう。

連立方程式の解き方　加減法

連立方程式の左辺どうし，右辺どうしを加えたりひいたりして，一方の文字を消去して解く方法。

連立方程式の解き方　代入法

別解のように，一方の式を1つの文字について解いて他の式に代入して解く方法。

☐ (24)

$$\begin{cases} \dfrac{5x-1}{4} + y = -3 \\ x + \dfrac{x-y}{2} = -5 \end{cases}$$

《連立方程式》

$$\begin{cases} \dfrac{5x-1}{4} + y = -3 & \cdots\cdots① \\ x + \dfrac{x-y}{2} = -5 & \cdots\cdots② \end{cases}$$

①の両辺に 4 をかけると

$$5x - 1 + \boxed{4y} = \boxed{-12}$$
$$5x + \boxed{4y} = \boxed{-11} \qquad \cdots\cdots①'$$

②の両辺に 2 をかけると，

$$2x + x - y = \boxed{-10}$$
$$3x - y = \boxed{-10} \qquad \cdots\cdots②'$$

$$\begin{array}{r} ①' \qquad\qquad 5x + 4y = -11 \\ ②' \times 4 \quad +)\ 12x - 4y = -40 \\ \hline \boxed{17x} \qquad = \boxed{-51} \\ x \qquad = \boxed{-3} \end{array}$$

ポイント
y の係数が異符号のときは加えます。

$x = \boxed{-3}$ を②′に代入すると，

$$3 \times (\boxed{-3}) - y = -10$$
$$y = -9 + \boxed{10} = \boxed{1}$$

答　$x = \boxed{-3}$，$y = \boxed{1}$

8 次の計算をしなさい。

☐ (25) $(-2x)^2 \times (-3x^2y^2)$

 解説・解答　《文字式の計算》

$$(-2x)^2 \times (-3x^2y^2)$$
$$= \boxed{4x^2} \times (-3x^2y^2)$$
$$= \boxed{-12x^4y^2} \cdots\cdots 答$$

☐ (26) $75x^3y^2 \div 5xy \div 5y$

 解説・解答　《文字式の計算》

$$75x^3y^2 \div 5xy \div 5y$$

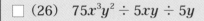

$$= \boxed{3x^2} \cdots\cdots 答$$

下の①，②，③を指数法則といい，高校で学習します。おぼえておくと便利です。

累乗

m, n を正の整数とするとき，

① $a^m a^n = a^{m+n}$

② $(a^m)^n = a^{mn}$

③ $(ab)^n = a^n b^n$

例　$a^2 a^3 = aa \times aaa = a^5$

$(a^2)^3 = aa \times aa \times aa = a^{2 \times 3} = a^6$

$(ab)^3 = ab \times ab \times ab = aaa \times bbb = a^3 b^3$

9 次の問いに答えなさい。

□ (27) 等式 $y = 3x + 2$ を x について解きなさい。

《文字式の計算》———————————————— ⬜⬜⬜⬜

$$y = 3x + 2$$

$3x$, y を移項すると，

$$\boxed{-3x} = \boxed{-y} + 2$$

両辺を -3 でわると，

$$x = \boxed{\dfrac{y-2}{3}} \quad \cdots\cdots \text{答}$$

🖊️ **重要** **等式の変形**

次のように，等式①を変形して，x の値を求める等式②にすることを，等式①を x について解くといいます。

例 ① $4y = 5 + 3x$ → ② $x = \dfrac{4y - 5}{3}$

□ (28) 点 $(1, 2)$ を通り，切片が 3 の直線の式を求めなさい。

《直線の式》———————————————————— ⬜⬜⬜⬜

求める直線の式を $y = ax + b$ とすると，切片が 3 ですから，

$b = \boxed{3}$ で，

$$y = ax + \boxed{3}$$

ポイント
直線の式は $y = ax + b$ と表すことができます。

点 $(1, 2)$ を通るから，

$$\boxed{2} = a \times \boxed{1} + \boxed{3}$$

したがって， $a = \boxed{-1}$

答 $\boxed{y = -x + 3}$

1次関数の式 $y = ax + b$ の求め方

① y軸上の切片と傾きから式を求める。

（a, b が与えられた場合）

② 直線が通る1点の座標と傾きから式を求める。

（a と x, y の値の組が与えられた場合）

③ 直線が通る2点の座標から式を求める。

（2つの x, y の値の組が与えられた場合）

□（29）　右の図において，$\angle x$ の大きさを求めなさい。ただし，同じ印のついた角は等しいものとします。

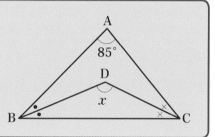

解説 解答　《平面図形》　━━━━━━━━━━━━━━━━━

$$\angle ABC + \angle ACB = 180° - \boxed{85°}$$

$$= \boxed{95°} \quad \cdots\cdots \triangle ABC\text{の内角の和は }180°$$

$$\angle DBC + \angle DCB = \frac{1}{2}(\angle ABC + \angle ACB)$$

$$= \boxed{47.5°}$$

したがって，

$$\angle x = 180° - (\angle DBC + \angle DCB) \quad \cdots\cdots \triangle DBC\text{の内角の和}$$
$$\text{は }180°$$
$$= 180° - \boxed{47.5°}$$
$$= \boxed{132.5°} \qquad \text{答}\quad \angle x = \boxed{132.5°}$$

─ ワンポイント・アドバイス ─

図の印（・，×）を使って考えると，

$$2(・+×) = 180° - 85° = 95° \quad \rightarrow \quad ・+× = 47.5°$$

$$\angle x = 180° - (・+×)$$

$$= 180° - 47.5° = 132.5°$$

□ (30)　右の図において，$\ell /\!/ m$ の
　　　とき，$\angle x$ の大きさを求めなさい。

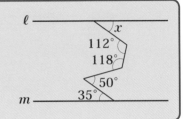

《平行線と角》——————————————————————— ◖◗◗◖

　下の図のように，直線 ℓ，m に平行な直線をひきます。

　下の図から，錯角が等しいことを用いて次々に角の大きさを求めます。

$$\angle x = 112° - \boxed{77°}$$
$$= \boxed{35°} \quad \cdots\cdots 答$$

$112° - 77° = 35°$　　$180° - 103° = 77°$
$118° - 15° = 103°$　　$103°$
　　　　　　　　　　　$50° - 35° = 15°$
$15°$　　$35°$　　$35°$

✎ 重要　**平行線の性質**

　2 直線に 1 つの直線が交わるとき，次のことが成り立ちます。

① 　2 直線が平行なら
　ば，同位角は等しい。

② 　2 直線が平行なら
　ば，錯角は等しい。

同位角は
等しい

錯角は
等しい

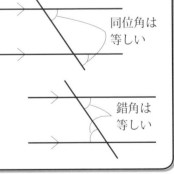

第1回 2次 数理技能

---

1 A君が本を読んでいます。昨日は全体の $\dfrac{2}{7}$ を読み，今日は残りの $\dfrac{3}{5}$ を読みました。このとき，次の問いに単位をつけて答えなさい。

☐（1）　今日までに読んだ分は全体の何%にあたりますか。小数第2位を四捨五入して答えなさい。

解説・解答　《割合》　━━━━━━━━━━━━━━━ ◆◆◆◇

<u>全体を1と考えます。</u>

昨日は全体の $\dfrac{2}{7}$ を読んだので，残りは，

$$\left(1 - \dfrac{2}{7}\right) = \boxed{\dfrac{5}{7}}$$

今日読んだ分は，残りの $\boxed{\dfrac{5}{7}}$ の $\boxed{\dfrac{3}{5}}$ ですから，

$$\dfrac{5}{7} \times \dfrac{3}{5} = \boxed{\dfrac{3}{7}}$$

今日までに読んだ分は，

ポイント
比べられる量＝もとにする量×割合

$$\dfrac{2}{7} + \boxed{\dfrac{3}{7}} = \boxed{\dfrac{5}{7}} = \boxed{0.7142} \cdots\cdots$$

$\boxed{0.7142}$ …… を百分率で表すと，小数第2位を四捨五入して，

$\boxed{71.42}$ ……%

百分率で表された数の小数第2位を四捨五入します。

答　$\boxed{71.4\%}$

問題 ◀ p.18, p.20

□ (2) 残りが 42 ページのとき，この本のページ数を求めなさい。

 《割合》——————————————————————●●●①

全体を 1 とするとき，残りは（1）より，

$$1 - \frac{5}{7} = \frac{2}{7}$$

したがって，この本のページ数は，

$$42 \div \frac{2}{7} = 147$$

答 147 ページ

もとにする量＝比べられる量÷割合

重要 **全体を 1 とみる考え方**

分数は，もとにする量を 1 とするときの割合と考えることができます。

割合，比べられる量，もとにする量の求め方

割合と比べられる量，もとにする量の間には次の関係があります。

割合＝比べられる量÷もとにする量

比べられる量＝もとにする量×割合

もとにする量＝比べられる量÷割合

---

2 右の図は，直方体 ABCD-EFGH です。これについて，次の問いに答えなさい。

□ (3) 辺 BC と平行な辺をすべて答えなさい。

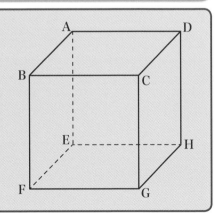

《空間図形》————————————————————————————□■□□

　辺 BC と平行な辺は，辺 BC と同じ平面上にあって，交わらない辺です。

 辺 EH は，辺 BC と同じ平面 BCHE 上にあって交わりません。

答 辺 AD，辺 EH，辺 FG

□（4）　辺 GH とねじれの位置にある辺をすべて答えなさい。

《空間図形》————————————————————————————□■□□

　辺 GH とねじれの位置にある辺は，辺 GH と平行でなく，交わらない辺です。

答 辺 AD，辺 AE，辺 BC，辺 BF

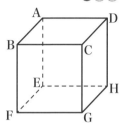

3　濃度の異なる食塩水が A，B の 2 つの容器に入っています。A の食塩水 500g と，B の食塩水 300g を混ぜ，そこから水を 200g 蒸発させたら，7％の食塩水ができました。また，A の食塩水 100g と B の食塩水 200g を混ぜて，そこに 20g の水を加えたところ，3.5％の食塩水になりました。このとき，次の問いに答えなさい。

□（5）　A の食塩水を x％，B の食塩水を y％として連立方程式をつくりなさい。　　　　　　　　　　　　　　　　　（表現技能）

《連立方程式》————————————————————————————□■■□

　A の食塩水 500g と B の食塩水 300g を混ぜたとき，食塩の量は，

$$500 \times \frac{x}{100} + 300 \times \frac{y}{100} = \boxed{5x + 3y} \text{（g）}$$

　水を 200g 蒸発させたときの食塩水の量は，

$$500 + 300 - 200 = 600 \text{（g）}$$

7%の食塩水600gにふくまれる食塩の量は，

$$600 \times \frac{7}{100} = 42 \, (\text{g})$$

水を蒸発させる前と後で，ふくまれる食塩の量は変わらないから，

$$\boxed{5x + 3y} = 42 \qquad \cdots\cdots① \quad$$

また，Ａの食塩水100gとＢの食塩水200gを混ぜたとき，食

塩の量は，　$100 \times \dfrac{x}{100} + 200 \times \dfrac{y}{100} = \boxed{x + 2y} \, (\text{g})$

水を20g加えたときの食塩水の量は，

$$100 + 200 + 20 = 320 \, (\text{g})$$

このとき，3.5%の食塩水320gにふくまれる食塩の量は，

$$320 \times \frac{3.5}{100} = 11.2 \, (\text{g})$$

水を加える前と後で，ふくまれる食塩の量は変わらないから，

$$\boxed{x + 2y} = 11.2 \qquad \cdots\cdots②$$

答　$\begin{cases} 5x + 3y = 42 \\ x + 2y = 11.2 \end{cases}$

□ **(6)　連立方程式を解き，x，y を求めなさい。そのときの途中の式も書きなさい。**

 《連立方程式》 ━━━━━━━━━━━━━━━━ ◨◨◧

$$\begin{cases} 5x + 3y = 42 & \cdots\cdots① \\ x + 2y = 11.2 & \cdots\cdots② \end{cases}$$

$$\begin{array}{r} ②\times 5 \qquad 5x + 10y = 56 \\ ① \qquad\quad -)\ 5x + \ 3y = 42 \\ \hline \boxed{7y} = \boxed{14} \\ y = \boxed{2} \end{array}$$

$y = \boxed{2}$ を①に代入すると，

$$5x + 3 \times \boxed{2} = 42$$

$$x = \boxed{7.2}$$

答　$x = \boxed{7.2}$，$y = \boxed{2}$

重要 食塩水の濃度の求め方

$$食塩水の濃度(\%) = \frac{食塩の量}{食塩水の量} \times 100$$

（食塩水の量＝食塩の量＋水の量）

食塩の量の求め方

$$食塩の量 = 食塩水の量 \times \frac{食塩水の濃度(\%)}{100}$$

4 次の a, b の２つの量の関係を式に表すと，下の（ア）～（オ）のどれになりますか。記号で答えなさい。 （表現技能）

(ア) $a \times b = 10$ （イ） $a + b = 10$

(ウ) $a - b = 10$ （エ） $a \div b = 10$

(オ) $b \div a = 10$

□ (7) b km 離れたところへ時速 a km で行くときにかかる時間が 10 時間

 《数量の関係》 —————————————

距離÷速さ＝時間で，距離は b km，速さは時速 a km，時間は 10 時間ですから，

$$\boxed{b \div a} = 10$$

が成り立ちます。 **答** （オ）

□ (8) たて a cm，横 b cm の長方形の面積が 10cm²

 《数量の関係》 —————————————

たて×横＝長方形の面積 で，たては a cm，横は b cm，面積が 10 cm² ですから，

$$\boxed{a \times b} = 10$$

が成り立ちます。 **答** （ア）

5 右の図のように，1辺が 18cm の正方形 ABCD の辺 AB，BC の中点をそれぞれ E，F とします。このとき，次の問いに答えなさい。

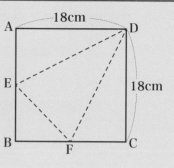

□ (9) △EFD の面積を求め，単位をつけて答えなさい。

（測定技能）

 《面積》 ───────────────────────────── 🔲🔲🔲🔲

△EFD＝正方形 ABCD −△ADE −△CDF −△EBF

$$= 18 \times 18 - \boxed{\frac{1}{2}} \times \boxed{9} \times \boxed{18} - \boxed{\frac{1}{2}} \times \boxed{9} \times \boxed{18} - \boxed{\frac{1}{2}} \times \boxed{9} \times \boxed{9}$$

$$= \boxed{324} - \boxed{81} - \boxed{81} - \boxed{\frac{81}{2}}$$

$$= \boxed{162} - \boxed{\frac{81}{2}}$$

$$= \boxed{\frac{324}{2}} - \boxed{\frac{81}{2}}$$

$$= \boxed{\frac{243}{2}}$$

答 $\boxed{\frac{243}{2}}$ cm^2

□ (10) ∠ADE ＝∠CDF であることをもっとも簡潔な手順で証明するには，どの三角形とどの三角形が合同であることを示せばよいですか。

 《合同》 ───────────────────────────── 🔲🔲🔲🔲

∠ADE と∠CDF をふくむ三角形が合同であることを示せばよい。

答 △$\boxed{\text{ADE}}$ と△$\boxed{\text{CDF}}$

（11）　（10）のときの合同条件を言葉で書きなさい。

《合同》

△ADE と △CDF において，

AD ＝ CD ＝ 18cm

EA ＝ FC ＝ 9cm

∠EAD ＝ ∠FCD ＝ 90°

2組の辺とその間の角がそれぞれ等しい から，

△ADE ≡ △CDF

答 2組の辺とその間の角がそれぞれ等しい

 三角形の合同条件

2つの三角形は，次のどれかが成り立つとき合同であるといいます。

① 3組の辺がそれぞれ等しい。

② 2組の辺とその間の角がそれぞれ等しい。

③ 1組の辺とその両端の角がそれぞれ等しい。

6 Aさんの家から駅まで，毎分40mの速さで歩くと25分で着きます。このとき，次の問いに答えなさい。

（12）　Aさんの家から，毎分xmの速さで歩くとy分で駅に着くものとして，yをxの式で表しなさい。

《反比例の利用》

Aさんの家から駅までの距離は，$40 \times 25 = 1000$（m）で一定です。

したがって，$xy = 1000$で，yはxに反比例します。

答 $y = \dfrac{1000}{x}$

（13） 毎分 50m の速さで歩くと，何分で駅に着きますか。

 《反比例の利用》

（12）で求めた式に $x = 50$ を代入します。

$$y = \frac{\boxed{1000}}{50} = \boxed{20}$$ 答 $\boxed{20}$ 分

✏️ **重要** **反比例の利用**

y が x に反比例するとき，$y = \dfrac{a}{x}$（a は比例定数），

または，$xy = a$ と表されます。

---

7 右の図のように，$y = x + 4$ で表される直線 ℓ と，$y = ax$ で表される直線 m があります。2直線 ℓ，m が x 座標が 2 である点 A で交わっているとき，次の問いに答えなさい。

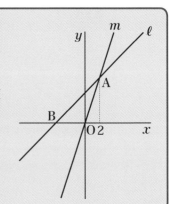

□ （14） a の値を求めなさい。

 《1 次関数》

点 A は直線 ℓ 上の点ですから，直線 ℓ の式 $y = x + 4$ に $x = 2$ を代入すると，

$$y = \boxed{2} + 4 = \boxed{6}$$

したがって，点 A の座標は（2, $\boxed{6}$）です。

直線 m の式 $y = ax$ に点 A の座標の値を代入すると，

$$\boxed{6} = a \times 2$$
$$a = \boxed{3}$$ 答 $a = \boxed{3}$

2直線 ℓ, m の交点の y 座標は同じですから，

$$x + 4 = \boxed{ax}$$

x 座標は2ですから，

$$2 + 4 = \boxed{2a}$$

$$a = \boxed{3}$$ 　**答**　$a = \boxed{3}$

□（15）　点Bの座標を求めなさい。

 《1次関数》

　点Bの y 座標は0ですから，$y = x + 4$ に $y = 0$ を代入すると，

$$\boxed{0} = x + 4$$

$$x = \boxed{-4}$$ 　**答**　$(\boxed{-4},\ \boxed{0})$

□（16）　原点Oを通る直線が△OABの面積を二等分するとき，その直線の式を求めなさい。

 《1次関数》

　原点Oと2点A，Bの中点を通る直線は，△OABの面積を二等分します。2点 $(2, 6)$，$(-4, 0)$ の中点をMとすると，点 Mの x 座標は，$\dfrac{2 + (-4)}{2} = \boxed{-1}$

ポイント
△OAM＝△OBM

y 座標は，$\dfrac{6 + 0}{2} = \boxed{3}$

　したがって，点Oと点M$(-1, 3)$ を通る直線を $y = bx$ とすると，

$$\boxed{3} = b \times (\boxed{-1})$$

$$b = \boxed{-3}$$

　よって，求める直線は，$y = \boxed{-3x}$ 　**答**　$\boxed{y = -3x}$

2直線の交点の座標

　2直線の交点の座標は，2つの直線の式を組にした連立方程式を解いて求めることができます。

例　直線 $y = 2x + 1$ と $y = 3x + 5$ の交点の座標

$$\begin{cases} y = 2x + 1 \\ y = 3x + 5 \end{cases}$$

を解くと，$x = -4$，$y = -7$

　　したがって，交点の座標は，$(-4, -7)$

中点の座標

　2点 (x_1, y_1)，(x_2, y_2) の中点の座標は，

$$\left(\frac{x_1 + x_2}{2}, \frac{y_1 + y_2}{2} \right)$$

8　右の図は，あるグループの小テストの点数を調べてヒストグラムにしたものです。次の問いに答えなさい。

（統計技能）

□（17）　15点以上の人は全体の何%ですか。四捨五入して，整数で求めなさい。

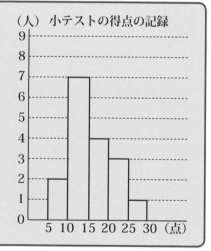

（人）　小テストの得点の記録

《統計》────────────────────────────

全体の人数は，

$$2 + 7 + 4 + 3 + 1 = 17（人）$$

15 点以上の人は，

$$4 + 3 + 1 = 8（人）$$

したがって，

$$8 ÷ 17 = \boxed{0.470}……$$

よって，$\boxed{47}$ ％

 答　$\boxed{47}$ ％

> 百分率で表され
> た数を四捨五入
> します。

□（18）　5 点以上 15 点未満の人数は 20 点以上 25 点未満の人数の
何倍になりますか。

《統計》────────────────────────────

5 点以上 15 点未満の人数は，$2 + \boxed{7} = \boxed{9}$（人）

20 点以上 25 点未満の人数は，$\boxed{3}$ 人

したがって，　　　　　　　　　$\boxed{9} ÷ \boxed{3} = \boxed{3}$

 答　$\boxed{3}$ 倍

ヒストグラム

度数分布表をもとにして，度数の分布のようすをわかりやすく表した次のようなグラフを**ヒストグラム**といいます。

階級の幅を横とし，度数をたてとする長方形をすきまなく横に並べ，それぞれの長方形の面積で度数の分布のようすを表しています。

中学 1 年生の
ハンドボール投げの記録

階級（m）	度数（人）
以上　未満	
5 〜 8	2
8 〜 11	8
11 〜 14	10
14 〜 17	16
17 〜 20	20
20 〜 23	4
23 〜 26	3
26 〜 29	2
計	65

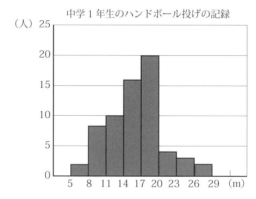

中学 1 年生のハンドボール投げの記録

百分率

割合は，次の式で求めることができます。

割合＝比べられる量÷もとにする量

百分率は，小数で表された割合の 100 倍ですから，

比べられる量÷もとにする量× 100

で求めることができます。

9 次の問いに答えなさい。

□ (19) 右の図で $\ell \parallel m$ のとき，x の値を求めなさい。

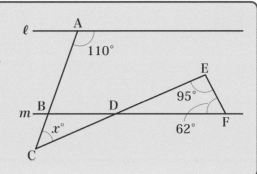

解説
解答 《平行線と角》

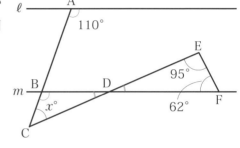

△ BCD の内角の和が 180° であることを利用します。

同位角が等しいから，
$$\angle \text{CBD} = \boxed{110°}$$
対頂角が等しいから，
$$\angle \text{CDB} = \angle \text{EDF}$$

△ DEF で，　$\angle \text{EDF} = 180° - (\boxed{95°} + 62°) = \boxed{23°}$

したがって，　$\angle \text{CDB} = \boxed{23°}$

よって，　$x° = 180° - (\angle \text{CBD} + \angle \text{CDB})$
$$= 180° - (\boxed{110°} + \boxed{23°})$$
$$= \boxed{47°}$$

答　$x = \boxed{47}$

□ (20) 右の図で，x の値を求めなさい。

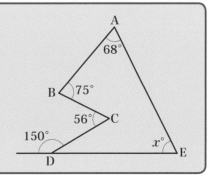

問題 ◀ p.24　95

辺 AB の延長と辺 ED の延長との交点を F とします。

このとき，

$\angle \mathrm{CBF} = 180° - 75°$

$= \boxed{105°}$

したがって，四角形 BFDC において，

$\angle \mathrm{BFD}$

$= 360° - (\boxed{105°} + 56° + 150°)$

$= \boxed{49°}$

よって，△ AFE において，

$x° = 180° - (68° + \boxed{49°})$

$= \boxed{63°}$

 $x = \boxed{63}$

上の解答では，四角形の内角の和が 360°，三角形の内角の和が 180° であることを利用しています。

 平行線の性質

2 直線に 1 つの直線が交わるとき，次のことが成り立ちます。

① 2 直線が平行ならば，同位角は等しい。

② 2 直線が平行ならば，錯角は等しい。

多角形の内角の和

n 角形の内角の和は，

$$180° \times (n - 2)$$

第2回 1次 計算技能

1 次の計算をしなさい。

□ (1) $5\dfrac{1}{4} \times 3\dfrac{1}{9}$

解説・解答 《分数の乗法》 ────────────────────── ●●□□

$$5\dfrac{1}{4} \times 3\dfrac{1}{9}$$

帯分数を仮分数になおします。

$$=\dfrac{21}{4} \times \dfrac{28}{9}$$

約分します。

$$=\dfrac{\overset{7}{21} \times \overset{7}{28}}{\underset{1}{4} \times \underset{3}{9}} = \boxed{\dfrac{49}{3}} \quad \left(\boxed{16\dfrac{1}{3}} \right) \quad \cdots\cdots 答$$

仮分数と帯分数のどちらで答えても正解です。

> **分数のかけ算**
> **重要**　分数に分数をかける計算では，分母どうし，分子どうしをかけます。
>
> $$\dfrac{b}{a} \times \dfrac{d}{c} = \dfrac{b \times d}{a \times c}$$

□ (2) $\dfrac{5}{6} \div 5\dfrac{1}{2}$

解説・解答 《分数の除法》 ────────────────────── ●□□□

$$\dfrac{5}{6} \div 5\dfrac{1}{2}$$

帯分数を仮分数になおします。

$$=\dfrac{5}{6} \div \boxed{\dfrac{11}{2}}$$

わる数の逆数をかける乗法になおします。

$$=\dfrac{5}{6} \times \boxed{\dfrac{2}{11}}$$

$$= \frac{5 \times \overset{1}{2}}{\underset{3}{6} \times 11} \quad \text{…約分します。}$$

$$= \boxed{\frac{5}{33}} \cdots\cdots \text{答}$$

 分数のわり算

重要　分数を分数でわる計算では, わる数の逆数をかけます。

$$\frac{b}{a} \div \frac{d}{c} = \frac{b}{a} \times \frac{c}{d}$$

□ (3)　$0.1 \times \dfrac{2}{3} \div 1.3$

解説・解答　《小数や分数をふくむ計算》——————————————

$$0.1 \times \frac{2}{3} \div 1.3$$

小数を分数になおします。

$$= \boxed{\frac{1}{10}} \times \frac{2}{3} \div \boxed{\frac{13}{10}}$$

わる数の逆数をかける乗法だけの式になおします。

$$= \boxed{\frac{1}{10}} \times \frac{2}{3} \times \boxed{\frac{10}{13}}$$

$$= \frac{1 \times 2 \times \overset{1}{10}}{\underset{1}{10} \times 3 \times 13} \quad \text{…約分します。}$$

$$= \boxed{\frac{2}{39}} \cdots\cdots \text{答}$$

 小数を分数になおしたら, 次に乗法だけの式になおします。

 小数や分数をふくむ計算

重要　小数や分数をふくむ計算では, 小数を分数になおして計算します（ただし, 分数を小数になおして計算したほうが簡単な場合もあります）。

□ (4) $\dfrac{5}{4} \times \dfrac{1}{6} + \dfrac{5}{2} \div \dfrac{2}{3}$

 《分数の四則計算》 ——————————————

$$\dfrac{5}{4} \times \dfrac{1}{6} + \dfrac{5}{2} \div \dfrac{2}{3}$$

除法を乗法になおします。

$$= \dfrac{5}{4} \times \dfrac{1}{6} + \dfrac{5}{2} \times \boxed{\dfrac{3}{2}}$$

$$= \boxed{\dfrac{5}{24}} + \boxed{\dfrac{15}{4}}$$

通分します。

$$= \boxed{\dfrac{5}{24}} + \boxed{\dfrac{90}{24}}$$

$$= \boxed{\dfrac{95}{24}} \quad \left(\boxed{3\dfrac{23}{24}} \right) \ \cdots\cdots 答$$

□ (5) $7 \div 0.5 - 3 \div \dfrac{3}{5}$

 《小数や分数をふくむ四則計算》 ———————— ●●●●

$$7 \div 0.5 - 3 \div \dfrac{3}{5}$$

小数を分数になおします。

$$= 7 \div \boxed{\dfrac{1}{2}} - 3 \div \dfrac{3}{5}$$

除法を乗法になおします。

$$= 7 \times \boxed{2} - 3 \times \boxed{\dfrac{5}{3}}$$

$$= \boxed{14} - \boxed{5}$$

$$= \boxed{9} \ \cdots\cdots 答$$

 四則のまじった計算

　　加減乗除のまじった計算では，**乗法・除法→加法・減法**の順に計算します。

　　かっこがあるときは，かっこの中を先に計算します。

□ (6) $-5+(-8)-(-15)$

 《正負の数の加法・減法》──────────── ◻◻◻

$-5+(-8)-(-15)$ ⎱ かっこをはずし, 項を並べた形にします。

$=-5-\boxed{8}+\boxed{15}$

$=\boxed{2}$ ……答

>
> **正負の数の加法・減法**
> 　正負の数の加法・減法では, かっこをはずして項を並べた形にして計算します。
> **例**　$-9+(-7)-(-6)=\underline{-9-7+6}=-10$
> 　　　　　　　　　　　　　　項を並べた式

□ (7) $\{-9-(-4)\times2\}^2\div\dfrac{2}{9}$

 《累乗をふくむ正負の数の加法・減法》────── ◻◻◻

$\{-9-(-4)\times2\}^2\div\dfrac{2}{9}$

$=\{-9-(\boxed{-8})\}^2\div\dfrac{2}{9}$ 　…{ }の中から計算します。

$=(-9+\boxed{8})^2\div\dfrac{2}{9}$

$=(\boxed{-1})^2\div\dfrac{2}{9}$ ⎰

$=\boxed{1}\times\dfrac{9}{2}$ 　累乗を計算します。また, 除法を乗法になおします。

$=\boxed{\dfrac{9}{2}}$ ……答

>
> **累乗をふくむ計算**
> 　累乗をふくむ計算では, **累乗→乗除→加減**の順に計算します。

☐ (8)　$-7x + 8 + 4x - 15$

 解説・解答　《1次式の加法・減法》───────────

$$-7x + 8 + 4x - 15$$
$$= -7x + \boxed{4x} + \boxed{8} - 15$$
$$= \boxed{-3x - 7} \quad \cdots\cdots 答$$

文字が同じ項どうし，数の項どうしをまとめます。

 重要　**1次式の加法・減法**
　　文字が同じ項どうし，数の項どうしを集めて，それぞれをまとめます。

☐ (9)　$(-4x + 3) - 2(3x + 4)$

 解説・解答　《かっこがある1次式の加法・減法》───────

$$(-4x + 3) - 2(3x + 4)$$
$$= -4x + 3 - \boxed{6x} - \boxed{8}$$
$$= -4x - \boxed{6x} + 3 - \boxed{8}$$
$$= \boxed{-10x - 5} \quad \cdots\cdots 答$$

分配法則でかっこをはずします。

文字が同じ項どうし，数の項どうしをまとめます。

分配法則を用いるとき，符号をまちがえないように注意！

☐ (10)　$5(4a - 3) - \dfrac{5}{3}(6a - 18)$

 解説・解答　《かっこがある1次式の加法・減法》───────

$$5(4a - 3) - \frac{5}{3}(6a - 18)$$
$$= \boxed{20a} - 15 - \boxed{10a} + \boxed{30}$$
$$= \boxed{20a} - \boxed{10a} - 15 + \boxed{30}$$
$$= \boxed{10a + 15} \quad \cdots\cdots 答$$

分配法則でかっこをはずします。

文字が同じ項どうし，数の項どうしをまとめます。

かっこがある1次式の加法・減法

重要　分配法則でかっこをはずしてから，文字が同じ項どうし，数の項どうしを集めて，それぞれをまとめます。

2 次の ☐ にあてはまる数を求めなさい。

☐ (11)　1m³ は ☐ cm³ です。

 《体積の単位》────────────────── ◻◻◻

$1m = \boxed{100}$ cm ですから，

$1m^3 = \boxed{100} \times \boxed{100} \times \boxed{100} = \boxed{1000000}$ (cm³) です。

答　$\boxed{1000000}$ cm³

☐ (12)　分速 ☐ m は時速 9km です。

 《速さの単位》────────────────── ◻◻◻

1時間 = 60分，9km = $\boxed{9000}$m ですから，

時速 9km は，分速 $\boxed{9000} \div 60 = \boxed{150}$ (m)

答　$\boxed{150}$ m

☐ (13)　2L の3割は ☐ dL です。

 《容積の単位》────────────────── ◻◻◻

$2L = \boxed{20}$dL，3割 = 0.3 ですから，

2L の3割は $\boxed{20} \times 0.3 = \boxed{6}$ (dL)

答　$\boxed{6}$ dL

 容積の単位

重要　1 L = 10 dL = 1000 mL

3 次の比をもっとも簡単な整数の比にしなさい。

□（14）　54 : 36

解説・解答　《比を簡単にする》

$$54 : 36$$

$$= (54 \div \boxed{18}) : (36 \div \boxed{18})　\cdots54 と 36 の最大公約数 18 でわります。$$

$$= \boxed{3} : \boxed{2}$$

答　$\boxed{3} : \boxed{2}$

参考

```
2) 54  36
3) 27  18
3)  9   6    54 と 36 の最大公約数は
    3   2      2 × 3 × 3 = 18
```

□（15）　$\dfrac{4}{5} : \dfrac{7}{10}$

解説・解答　《比を簡単にする》

$$\frac{4}{5} : \frac{7}{10}$$

5 と 10 の最小公倍数 10 をかけて
整数の比で表します。

$$= \left(\frac{4}{5} \times \boxed{10}\right) : \left(\frac{7}{10} \times \boxed{10}\right)$$

$$= \boxed{8} : \boxed{7}$$

答　$\boxed{8} : \boxed{7}$

重要　**比の性質**

　$a : b$ の a, b に同じ数をかけたり，a, b を同じ数で
わったりしてできる比は，すべて **等しい比** になります。

例　$2 : 3 = (2 \times 5) : (3 \times 5) = 10 : 15$

比を簡単にする

　比を，それと等しい比で，できるだけ小さい整数の
比で表すことを，**比を簡単にする**といいます。

4 $x = -5$, $y = 7$ のとき，次の式の値を求めなさい。

□ (16) $-2x + \dfrac{3}{5}y$

解説・解答 《式の値》────────────────────

$-2x + \dfrac{3}{5}y$ に，$x = -5$，$y = 7$ を代入すると，

$$-2x + \dfrac{3}{5}y = -2 \times (\boxed{-5}) + \dfrac{3}{5} \times \boxed{7}$$

$$= \boxed{10} + \boxed{\dfrac{21}{5}}$$

$$= \boxed{\dfrac{50}{5}} + \boxed{\dfrac{21}{5}}$$

$$= \boxed{\dfrac{71}{5}} \left(\boxed{14\dfrac{1}{5}} \right) \qquad 答 \quad \boxed{\dfrac{71}{5}} \left(\boxed{14\dfrac{1}{5}} \right)$$

□ (17) $x^3 - y^2$

解説・解答 《式の値》────────────────────

$x^3 - y^2$ に，$x = -5$，$y = 7$ を代入すると，

$$x^3 - y^2 = (\boxed{-5})^3 - \boxed{7}^2$$

$$= \boxed{-125} - \boxed{49}$$

$$= \boxed{-174} \qquad\qquad 答 \quad \boxed{-174}$$

負の数は，かっこをつ
けて代入しましょう。

✎ **式の値**

重要 式の中の文字を数に置き換えることを**代入する**とい
い，代入して計算した結果を**式の値**といいます。

5　次の方程式を解きなさい。

☐ (18)　$6x + 3 = 15 + 3x$

 《1次方程式》————————————

$$6x + 3 = 15 + 3x$$

3, $\boxed{3x}$ を移項すると，

$$6x - \boxed{3x} = 15 - \boxed{3}$$
$$\boxed{3x} = \boxed{12}$$
$$x = \boxed{4}$$

答　$x = \boxed{4}$

☐ (19)　$3x - 1.2 = 6 - 1.5x$

 《1次方程式》————————————

$$3x - 1.2 = 6 - 1.5x$$

両辺を10倍すると，

$$30x - 12 = 60 - \boxed{15x}$$

-12, $\boxed{-15x}$ を移項すると，

$$30x + \boxed{15x} = 60 + \boxed{12}$$
$$\boxed{45x} = \boxed{72}$$
$$x = \boxed{\frac{72}{45}} = \boxed{\frac{8}{5}}$$

x の係数を整数にするために，両辺を10倍します。

答　$x = \boxed{\dfrac{8}{5}}$

☐ (20)　$\dfrac{x + 5}{3} + \dfrac{2x - 1}{2} = 6$

 《1次方程式》————————————

$$\frac{x + 5}{3} + \frac{2x - 1}{2} = 6$$

両辺を$\boxed{6}$倍すると，

3と2の
最小公倍数

$$\boxed{2}(x + 5) + \boxed{3}(2x - 1) = \boxed{36}$$
$$\boxed{2x} + 10 + \boxed{6x} - 3 = \boxed{36}$$

$$\boxed{8x} + 7 = \boxed{36}$$

$$8x = \boxed{29}$$

$$x = \boxed{\dfrac{29}{8}}$$ 答 $x = \boxed{\dfrac{29}{8}}$

1次方程式の解き方

① 係数に小数や分数があるときは，両辺に適当な数をかけて，係数を整数にします。かっこがあればはずします。

② 移項して，文字の項どうし，数の項どうしを集めます。

③ 両辺を整理して $ax = b$ の形にします。

④ 両辺を x の係数 a でわります。

6 次の計算をしなさい。

☐ (21)　$-5(x - y) + 2(3x + y)$

解説・解答

《文字式の計算》 ━━━━━━━━━━━━━━━━ ●●●

$-5(x - y) + 2(3x + y)$

$= \boxed{-5x} + 5y + \boxed{6x} + \boxed{2y}$ ）分配法則で，かっこをはずします。

$= \boxed{-5x} + \boxed{6x} + 5y + \boxed{2y}$ ）同類項をまとめます。

$= \boxed{x + 7y}$ ……答

多項式と数の乗法

　多項式と数の乗法は，次のように分配法則を使って計算することができます。

例　$3(2a + b) = 3 \times 2a + 3 \times b = 6a + 3b$

□ (22) $\dfrac{7x-y}{2}-\dfrac{x+2y}{5}$

解説・解答 《文字式の計算》

$$\dfrac{7x-y}{2}-\dfrac{x+2y}{5}$$

通分します。

$$=\dfrac{\boxed{5}(7x-y)-\boxed{2}(x+2y)}{10}$$

かっこをはずし，同類項をまとめます。

$$=\dfrac{\boxed{35x-5y-2x-4y}}{10}$$

$$=\boxed{\dfrac{33x-9y}{10}}\quad\cdots\cdots\text{答}$$

 重要　**分数をふくむ式の計算**

分数をふくむ式の計算は，通分する→１つの分数にまとめる→分子のかっこをはずす→同類項をまとめるという手順で計算することができます。

7　次の連立方程式を解きなさい。

□ (23) $\begin{cases} x+2y=5 \\ y=\dfrac{-2x+7}{3} \end{cases}$

解説・解答 《連立方程式》

$$\begin{cases} x+2y=5 & \cdots\cdots① \\ y=\dfrac{-2x+7}{3} & \cdots\cdots② \end{cases}$$

②を①に代入すると，

$$x+2\left(\dfrac{-2x+7}{3}\right)=5$$

$$x+\boxed{\dfrac{-4x+14}{3}}=5$$

 ポイント
代入法で，y を消去します。

両辺を $\boxed{3}$ 倍すると，

$$3x + (-4x + 14) = \boxed{15}$$
$$3x - 4x + 14 = \boxed{15}$$
$$-x = \boxed{1}$$
$$x = \boxed{-1}$$

$x = \boxed{-1}$ を②に代入すると，

$$y = \frac{-2 \times (\boxed{-1}) + 7}{3} = \frac{\boxed{2} + 7}{3} = \frac{\boxed{9}}{3} = \boxed{3}$$

答　$x = \boxed{-1}$，$y = \boxed{3}$

□ (24) $\begin{cases} \dfrac{x}{10} - \dfrac{y}{4} = 1 \\[2mm] x + \dfrac{x+y}{3} = 6 \end{cases}$

《連立方程式》 ————————————————

$$\begin{cases} \dfrac{x}{10} - \dfrac{y}{4} = 1 & \cdots\cdots① \\[2mm] x + \dfrac{x+y}{3} = 6 & \cdots\cdots② \end{cases}$$

①の両辺を $\boxed{20}$ 倍すると，

$$2x - 5y = \boxed{20} \quad \cdots\cdots①'$$

②の両辺を $\boxed{3}$ 倍すると，

$$3x + (x + y) = \boxed{18}$$
$$4x + y = \boxed{18} \quad \cdots\cdots②'$$

$$\begin{array}{lrr} ②' & 4x + y = & \boxed{18} \\ ①' \times 2 \quad -) & 4x - 10y = & \boxed{40} \\ \hline & \boxed{11y} = & -22 \\ & y = & \boxed{-2} \end{array}$$

ポイント
加減法で，x を
消去します。

$y = \boxed{-2}$ を①′に代入すると，

$$2x - 5 \times (\boxed{-2}) = 20$$
$$2x + \boxed{10} = 20$$
$$2x = \boxed{10}$$
$$x = \boxed{5}$$

答　$x = \boxed{5}$, $y = \boxed{-2}$

8　次の計算をしなさい。

□（25）　$2xy^2 \times (-10x^3y^2)$

《文字式の計算》————————

$2xy^2 \times (-10x^3y^2)$

$= \boxed{2} \times \boxed{(-10)} \times \underline{x \times x^3 \times y^2 \times y^2}$

$= \boxed{-20x^4y^4}$ …… 答

ポイント

$x \times x^3 \times y^2 \times y^2 = x \times xxx \times yy \times yy$
$= x^{1+3}y^{2+2}$
$= x^4y^4$

□（26）　$5x \times x^3y \div (-15x)$

《文字式の計算》————————

$5x \times x^3y \div (-15x)$

$$= -\frac{\overset{1}{5x} \times x^3y}{\underset{3}{15x}} = \boxed{-\dfrac{1}{3}x^3y} \quad …… 答$$

分数の形の式に
なおしてから，
約分します。

累乗

m, n を正の整数とするとき,

① $a^m a^n = a^{m+n}$

② $(a^m)^n = a^{mn}$

③ $(ab)^n = a^n b^n$

例 $a^2 a^3 = aa \times aaa = a^5$

$(a^2)^3 = aa \times aa \times aa = a^{2 \times 3} = a^6$

$(ab)^3 = ab \times ab \times ab = aaa \times bbb = a^3 b^3$

上の①, ②, ③を指数法則といいます。
高校で学習しますが, おぼえておく
と便利です。

9 次の問いに答えなさい。

☐ (27) 等式 $y = 3x - 5$ を x について解きなさい。

 《文字式の計算》

$y = 3x - 5$

$3x$, y を移項すると,

$$\boxed{-3x} = \boxed{-y} - 5$$

両辺を -3 でわると,

$$x = \boxed{\dfrac{y+5}{3}} \quad \cdots\cdots \text{答}$$

 等式の変形

次のように, 等式①を変形して, x の値を求める等式②にすることを, 等式①を x について解くといいます。

例 ① $4y = 5 + 3x$ → ② $x = \dfrac{4y - 5}{3}$

□ **(28)**　点 $(1, 8)$ を通り，直線 $y = 3x + 1$ と平行な直線の式を求めなさい。

解説・解答　《直線の式》 ──────────

　　求める直線の式を $y = ax + b$ とすると，<u>傾きが 3</u> ですから，$a = \boxed{3}$ で，

$$y = \boxed{3}x + b$$

　　点 $(1, 8)$ を通るから，

$$\boxed{8} = \boxed{3} \times \boxed{1} + b$$

　　したがって，　　$b = \boxed{5}$　　　　　**答** $\boxed{y = 3x + 5}$

ポイント
$y = 3x + 1$ に平行な直線の傾きは 3

重要　**1 次関数の式 $y = ax + b$ の求め方**
①　y 軸上の切片と傾きから式を求める。
②　直線が通る 1 点の座標と傾きから式を求める。
③　直線が通る 2 点の座標から式を求める。

□ **(29)**　右の図において，$\ell \mathbin{/\!/} m$ のとき，$\angle x$ の大きさを求めなさい。

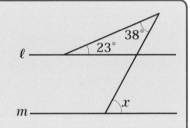

解説・解答　《平面図形》 ──────────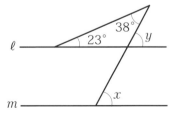

　　右の図で，三角形の 1 つの外角は，となりにない 2 つの内角の和に等しいから，

$$\angle y = 23° + \boxed{38°}$$
$$= \boxed{61°}$$

　　平行線における同位角は等しいから，$\angle x = \angle y$ より，

$$\angle x = \boxed{61°}$$　　　**答**　$\angle x = \boxed{61°}$

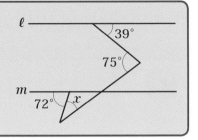

□ (30)　右の図において，$\ell \parallel m$
　　　のとき，$\angle x$ の大きさを求め
　　　なさい。

解説
解答

《平面図形》—————————————————————— ■■□

　　下の図のように，直線 ℓ，m に平行な直線をひきます。

　　下の図から，錯角が等しいことを用いて次々に角の大きさを求
めます。

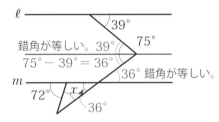

錯角が等しい。$39°$
$75° - 39° = 36°$

　　三角形の 1 つの外角は，となりにない 2 つの内角の和に等し
いから，

平行線の角の問題はよく出
題されます。平行線の錯角
や同位角が等しいことを利
用して角を求めます。

$\angle x + \boxed{36°} = 72°$
$\angle x = 72° - \boxed{36°}$
　　　$= \boxed{36°}$　　　　　　**答**　$\angle x = \boxed{36°}$

重要

平行線の性質

　　2 直線に 1 つの直線が交わるとき，次のことが
成り立ちます。

①　2 直線が平行ならば，同位角は等しい。

②　2 直線が平行ならば，錯角は等しい。

三角形の内角の和

　　三角形の内角の和は $180°$ です。

第2回 2次 数理技能

 5%の食塩水 500g について，次の問いに単位をつけて答えなさい。

☐（1）　食塩水にふくまれる水は何 g ですか。

解説・解答　《割合》

食塩水 500g の 5%が食塩で，残りの 95 %は水ですから，

$$500 \times \boxed{0.95} = \boxed{475}\,(g)$$

答　475 g

解説・別解

食塩水 500g の 5%が食塩ですから，食塩の重さは，

$$500 \times \boxed{0.05} = \boxed{25}\,(g)$$

したがって，水の重さは，

$$500 - \boxed{25} = \boxed{475}\,(g)$$

答　475 g

☐（2）　濃度を 10%にするには，何 g の水を蒸発させればよいですか。

解説・解答　《割合》

x g の水を蒸発させると，食塩水の量は（$\boxed{500} - x$）g になります。このとき，ふくまれる食塩の量 $\boxed{25}$ g は変わりません。したがって，食塩水（$\boxed{500} - x$）g の 10%が食塩の量 $\boxed{25}$ g ですから，

$$(\boxed{500} - x) \times \frac{10}{100} = \boxed{25}$$

これを解くと，

食塩の量は変わらず，水の量が変わります。

$$\boxed{500} - x = \boxed{250}$$
$$x = \boxed{250}$$

答　250 g

問題 ◀ p.28，p.30　113

食塩水の濃度の求め方

食塩水の濃度（%）＝ $\dfrac{\text{食塩の量}}{\text{食塩水の量}} \times 100$

（食塩水の量＝食塩の量＋水の量）

食塩の量の求め方

食塩の量＝食塩水の量 × $\dfrac{\text{食塩水の濃度（%）}}{100}$

2 　右の図のような，∠B ＝ 90°の直角三角形 ABC を，直線 ℓ を軸として 1 回転させてできる立体について，次の問いに答えなさい。

□（3）　この立体を，回転の軸をふくむ平面で切ると，切り口はどんな図形になりますか。

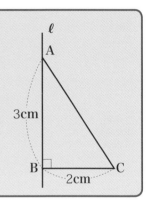

 《回転体》———————————————————

　直角三角形 ABC を，直線 ℓ を軸として 1 回転させてできる立体は，下の左の図のような <u>円錐</u> になります。

　この立体を回転の軸 ℓ をふくむ平面で切ると，下の右の図のような <u>二等辺三角形</u> になります。

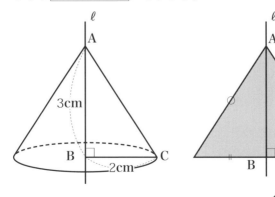

答　<u>二等辺三角形</u>

□（4） この立体の体積を単位をつけて答えなさい。ただし，円周率をπとします。

 《立体の体積》 ────────────────

立体は，底面の半径 2cm，高さ 3cm の 円錐 ですから，求める体積は，

$$\frac{1}{3} \times \pi \times 2^2 \times 3 = \boxed{4\,\pi}\ (\text{cm}^3)$$

答 $\boxed{4\,\pi}\ \text{cm}^3$

 円錐の体積

円錐の体積＝$\frac{1}{3}$×底面積×高さ

底面の円の半径を r とすると，底面積＝πr^2

3 次の問いに答えなさい。

x	2	3	イ
y	6	ア	15

□（5） y が x に比例するとき，ア，イに入る数を求めなさい。

 《比例》 ────────────────

y が x に比例するから，x の値が 2 から 3 に 1.5 倍になると，y の値 6 も $\boxed{1.5}$ 倍になります。したがって，アに入る数は，

$$6 \times \boxed{1.5} = \boxed{9}$$

また，y の値が 6 から 15 に 2.5 倍になるとき，x の値は 2 の 2.5 倍になるので，イに入る数は，

$$2 \times \boxed{2.5} = \boxed{5}$$

答 ア $\boxed{9}$ イ $\boxed{5}$

□ (6) 比例の式を求めなさい。

 《比例》 ———————————————————————————

　　y が x に比例するとき，式で $y = ax$（a は比例定数）と表すことができます。

　　$x = 2$ のとき $y = 6$ ですから，

$$\boxed{6} = a \times \boxed{2}$$

したがって，　　　　　　$a = \boxed{3}$

よって，求める式は，　$\boxed{y = 3x}$

答 $\boxed{y = 3x}$

――― ワンポイント・アドバイス ―――

　　比例の式を求めるときは，まず，求める式を $y = ax$ とおいて，与えられた条件から比例定数 a の値を求めます。

4 ろうそくに火をつけると，一定の速さで短くなっていきます。火をつけてから 15 分後の長さは 21cm，33 分後の長さは 12cm だったとき，次の問いに答えなさい。

□ (7) このろうそくは毎分何 cm 短くなりますか。単位をつけて答えなさい。

 《1 次関数》 ———————————————————————

ろうそくの長さと時間の関係を表にすると，次のようになります。

時間（分）	…	15	…	33	…
長さ（cm）	…	21	…	12	…

　　15 分後から 33 分後までの 18 分間に，ろうそくは 9cm 短くなっています。したがって，1 分間では，$9 \div 18 = \boxed{\dfrac{1}{2}}$ より，

$\boxed{\dfrac{1}{2}}$ cm ずつ短くなっています。　　　　答 $\boxed{\dfrac{1}{2}}$ cm

□（8）　火をつけてから x 分後のろうそくの長さを $y$cm とするとき，x と y の関係は $y = ax + b$ の式で表すことができます。a と b の値を求めなさい。

 《1次関数》 ──────────── ●●●●

　　15 分後の長さは 21cm ですから，$y = ax + b$ に $x = 15$, $y = 21$ を代入すると，

$$21 = 15a + b$$
$$15a + b = 21 \qquad \cdots\cdots ①$$

　　また，33 分後の長さは 12cm ですから，$y = ax + b$ に $x = 33$, $y = 12$ を代入すると，

$$12 = 33a + b$$
$$33a + b = 12 \qquad \cdots\cdots ②$$

　①，②を連立方程式として解きます。

$$
\begin{array}{rl}
① & 15a + b = \boxed{21} \\
② \quad -) & 33a + b = \boxed{12} \\
\hline
& \boxed{-18a} = \boxed{9} \\
& a = \boxed{-\dfrac{1}{2}}
\end{array}
$$

　これを①に代入して，$b = \boxed{\dfrac{57}{2}}$　　　**答** $a = \boxed{-\dfrac{1}{2}}$, $b = \boxed{\dfrac{57}{2}}$

□（9）　何分後にこのろうそくは燃えつきて消えてしまうでしょうか。

 《1次関数》 ──────────── ●●●○

　　1次関数の式 $y = -\dfrac{1}{2}x + \dfrac{57}{2}$ で，$y = 0$ となるときの x の値を求めます。　　$0 = -\dfrac{1}{2}x + \dfrac{57}{2}$

　x について解くと，$\boxed{\dfrac{1}{2}}x = \dfrac{57}{2}$

$$x = \boxed{57}$$

　　　　　　　　　　　　　　　　　　答 $\boxed{57}$ 分後

1 次関数の式の求め方

　求める 1 次関数を $y = ax + b$ とおいてから a, b の値を求めます。

①　$x = 0$ のときの y の値 b と，変化の割合 a を求める（y 軸上の切片と傾きから求める）。

②　変化の割合 a と 1 組の x, y の値から b の値を求める（直線が通る 1 点の座標と傾きから求める）。

③　2 つの x, y の値の組から a, b の値を求める（直線が通る 2 点の座標から求める）。

5　平行四辺形 ABCD において，∠BAD と ∠BCD の二等分線が辺 BC，辺 AD とそれぞれ E, F で交わっています。このとき，次の問いに答えなさい。　　　　　（証明技能）

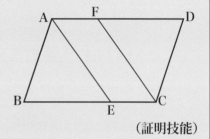

☐（10）　この図には合同な三角形があります。その三角形を答えなさい。

 《合同な図形》 ────────────────────

　2 つの図形が合同であることを示すときは，対応する点をそろえて表します。

答　△$\boxed{\text{ABE}}$ と △$\boxed{\text{CDF}}$

☐（11）　（10）の三角形が合同であることを証明しなさい。

《三角形の合同》 ────────────────

△ ABE と△ CDF において，平行四辺形の対辺は等しいから，

$$AB = \boxed{CD}$$

平行四辺形の対角は等しいから，

$$\angle ABE = \angle \boxed{CDF}$$

同様に，$\angle BAD = \angle DCB$ で，

$$\angle BAE = \frac{1}{2}\angle BAD, \quad \angle DCF = \frac{1}{2}\angle DCB$$

であるから，

$$\angle BAE = \angle \boxed{DCF}$$

したがって，$\boxed{1 \text{ 組の辺とその両端の角がそれぞれ等しい}}$ から，

$$\triangle ABE \equiv \triangle CDF$$

△ ABE と△ CDF において，

$$AB = \boxed{CD} \quad （平行四辺形の対辺は等しい）$$

$$\angle ABE = \angle \boxed{CDF} \quad （平行四辺形の対角は等しい）$$

$$\angle BAE = \angle \boxed{DCF} \quad （平行四辺形の対角の半分）$$

したがって，$\boxed{1 \text{ 組の辺とその両端の角がそれぞれ等しい}}$ から，

$$\triangle ABE \equiv \triangle CDF$$

参考

証明の書き方

　上の解答と別解は，同じ証明を，書き方を変えて示したものです。ふだんからある程度自分の証明の書き方，表し方を決めておきましょう。

　証明では，仮定と結論をはっきり示します。上の解答や別解のように，何を根拠にして導いているか明確に示すことが重要です。

　たとえば，2 つの三角形が合同であることを証明するときは，根拠となる三角形の合同条件を必ず示します。そのとき，上のように，合同条件を文章で正しく書けるようにしておきましょう。

三角形の合同条件

　２つの三角形は，次のいずれかが成り立つとき合同です。

① ３組の辺がそれぞれ等しい。

② ２組の辺とその間の角がそれぞれ等しい。

③ １組の辺とその両端の角がそれぞれ等しい。

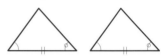

6　金の含有率が異なる２つの合金A，Bがあります。合金A 400gと合金B 100gを融解して混ぜ合わせると，金の含有率が70％の合金ができました。また，合金A 200gと合金B 200gと純金100gを融解して混ぜ合わせると，やはり金の含有率が70％の合金ができました。このとき，次の問いに答えなさい。

□（12）　合金Aの金の含有率をx％，合金Bをy％として連立方程式をつくりなさい。　　　　　　　　　　　　　　　（表現技能）

《連立方程式》

　合金A 400gと合金B 100gを混ぜたとき，ふくまれる金の量は，

$$400 \times \boxed{\dfrac{x}{100}} + 100 \times \boxed{\dfrac{y}{100}} = \boxed{4x + y} \ (\text{g})$$

　70％の合金500gにふくまれる金の量は，

$$500 \times \boxed{\dfrac{70}{100}} = \boxed{350} \ (\text{g})$$

　これらは等しいので，　$\boxed{4x + y = 350}$

合金 A 200g と合金 B 200g と純金 100g を混ぜたとき，ふくまれる金の量は，

$$200 \times \boxed{\dfrac{x}{100}} + 200 \times \boxed{\dfrac{y}{100}} + 100$$

$$= \boxed{2x} + \boxed{2y} + 100 \ \text{(g)}$$

70%の合金 500g にふくまれる金の量は 350（g）であり，これらは等しいので，

$$\boxed{2x} + \boxed{2y} + 100 = \boxed{350}$$

$$2x + 2y = 250$$

$$\boxed{x + y = 125}$$

よって，連立方程式は，

$$\boxed{4x + y = 350}$$

$$\boxed{x + y = 125}$$

答 $\begin{cases} 4x + y = 350 \\ x + y = 125 \end{cases}$

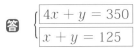

□ **(13)** 連立方程式を解き，x，y を求めなさい。そのときの途中の式も書きなさい。

《連立方程式》 ──────────────────

(12)の連立方程式を解きます。

$$\begin{cases} 4x + y = 350 & \cdots\cdots① \\ x + y = 125 & \cdots\cdots② \end{cases}$$

$$
\begin{array}{r}
① \quad 4x + y = 350 \\
② \quad -)\ \ x + y = 125 \\
\hline
\boxed{3x} \quad\ \ = \boxed{225} \\
\boxed{x} \quad\ \ = \boxed{75}
\end{array}
$$

$x = 75$ を②に代入すると，

$$\boxed{75} + y = 125$$

$$y = \boxed{50}$$

ポイント

加減法で，y を消去します。消去する y の係数は同符号ですからひきます。

答 $x = \boxed{75}$，$y = \boxed{50}$

問題 ◀ p.32

連立方程式の応用

　次の手順で解くことができます。

①　どの数量を文字で表すかを決めます。

②　等しい関係にある数量を見つけて連立方程式をつくります。

③　連立方程式を解きます。

④　連立方程式の解が問題に適しているか確かめます。

7　右の図はたて 10cm，横 15cm の長方形です。点 P は頂点 B を出発して毎秒 2cm の速さで A まで進みます。点 P が B を出発してから x 秒後の △APD の面積を $y$cm² とします。このとき，次の問いに答えなさい。

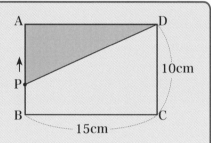

□（14）　y の変域を求めなさい。

解説・解答　《1次関数》

　点 P が点 A にあるとき，$y = \boxed{0}$

　点 P が点 B にあるとき，$y = \dfrac{1}{2} \times \boxed{15} \times \boxed{10} = \boxed{75}$

　したがって，$\boxed{0} \leqq y \leqq \boxed{75}$　　　**答** $\boxed{0 \leqq y \leqq 75}$

□（15）　y を x の式で表しなさい。

解説・解答　《1次関数》

　AD $= \boxed{15}$ cm，AP $= (\boxed{10 - 2x})$ cm ですから，

$$y = \dfrac{1}{2} \times \boxed{15} \times (\boxed{10 - 2x})$$

　したがって，$y = \boxed{-15x + 75}$　　　**答** $y = \boxed{-15x + 75}$

変域

変数のとりうる値の範囲を，その変数の**変域**といいます。

1次関数

y が x の関数で，次の式のように y が x の1次式で表されるとき，y は x の1次関数であるといいます。

$$y = ax + b \quad (a, \ b \ \text{は定数})$$

---

8 A，Bの2個のさいころを同時に投げるとき，次の確率を求めなさい。

□（16）　出る目の数の積が偶数になる確率

《確率》

右のような表をつくって調べます。

右のように，$6 \times 6 = \boxed{36}$ で，目の出方は全部で $\boxed{36}$ 通りあります。

目の数の積が偶数になるのは，右の○印の場合で，全部で $\boxed{27}$ 通りです。

したがって，求める確率は，

$$\frac{\boxed{27}}{36} = \boxed{\frac{3}{4}}$$

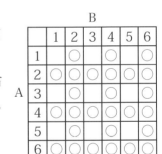

答　$\boxed{\dfrac{3}{4}}$

　出る目の数の積が奇数になる場合は9通りですから，奇数になる確率は，$\dfrac{\boxed{9}}{36} = \boxed{\dfrac{1}{4}}$

したがって，偶数になる確率は，$1 - \boxed{\dfrac{1}{4}} = \boxed{\dfrac{3}{4}}$

答　$\boxed{\dfrac{3}{4}}$

□（17）　出る目の数の積が 3 の倍数になる確率

 《確率》

　右のような表をつくって調べます。

　目の出方は全部で 36 通りで，目の数の積が 3 の倍数になるのは，右の○印の場合で，全部で 20 通りです。

　したがって，求める確率は，

$$\frac{20}{36} = \frac{5}{9}$$

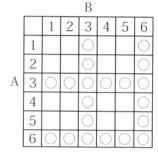

答　$\dfrac{5}{9}$

 　出る目の数の積が 3 の倍数になるのは，次の 20 通りです。

目の出方を（A，B）のように表します。

（1，3），（1，6），（2，3），（2，6），（3，1），（3，2），（3，3），

（3，4），（3，5），（3，6），（4，3），（4，6），（5，3），（5，6），

（6，1），（6，2），（6，3），（6，4），（6，5），（6，6）

　したがって，求める確率は，

$$\frac{20}{36} = \frac{5}{9}$$

答　$\dfrac{5}{9}$

□（18） 出る目の数の和が奇数になる確率

《確率》　━━━━━━━━━━━━━━━━━━━ ◔◔◱

　目の出方は全部で $\boxed{36}$ 通りで，目の数の和が奇数になるのは，右の○印の場合で，全部で $\boxed{18}$ 通りです。

　したがって，求める確率は，

$$\frac{\boxed{18}}{36} = \boxed{\frac{1}{2}}$$

答　$\boxed{\dfrac{1}{2}}$

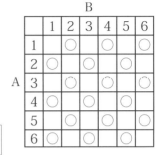

A＼B	1	2	3	4	5	6
1		○		○		○
2	○		○		○	
3		○		○		○
4	○		○		○	
5		○		○		○
6	○		○		○	

ワンポイント・アドバイス

　2つの自然数の和が奇数になるのは，（奇数）＋（偶数），または（偶数）＋（奇数）の場合，偶数になるのは，（奇数）＋（奇数），または（偶数）＋（偶数）の場合です。

重要　**確率の求め方**

　起こりうるすべての場合が n 通りで，そのどれが起こることも同様に確からしいとします。このとき，あることがら A が起こる場合が a 通りあるとすると，A が起こる確率 p は，　$p = \dfrac{a}{n}$

2つのさいころを同時に投げたときの確率

　目の出方の数は全部で 36 通りです。

　場合の数を調べるときは，$\boxed{8}$ の「解説・解答」に示したような表を使うと便利です。

ことがら A が起こらない確率

　ことがら A が起こらない確率は，ことがら A が起こる確率から求めることもできます。

　（A が起こらない確率）＝ 1 －（A が起こる確率）

1個 x 円のトマトと，1個 y 円のカボチャがあります。この
とき，次の問いに答えなさい。

□ (19)　トマト 4 個とカボチャ 3 個を買ったときの代金の合計を求
めなさい。

解説 《文字と式》 ─────────────────────────
解答
　　トマト 4 個の代金は $\boxed{4x}$ 円，カボチャ 3 個の代金は $\boxed{3y}$ 円です
から，代金の合計は，

$$\boxed{4x + 3y}\ (円)$$

答　$\boxed{4x + 3y}$ 円

□ (20)　1500 円出して 2 個のトマトと 6 個のカボチャを買ったと
きのおつりは何円ですか。

解説 《文字と式》 ─────────────────────────
解答
　　トマト 2 個の代金は $\boxed{2x}$ 円，カボチャ 6 個の代金は $\boxed{6y}$ 円です
から，代金の合計は $\boxed{2x + 6y}$ (円)

　　したがって，おつりは，

$$1500 - (\boxed{2x + 6y})\ (円)$$

答　$\boxed{1500 - (2x + 6y)}$ 円

かっこをはずして，
$1500 - 2x - 6y$ (円)
としても正解です。

┌─────────────────────────────────┐
　✎ **文字式の利用**
重要
　　いろいろな数量を，式の表し方の約束にしたがって
表すことができます。

例　1個 x 円のトマト 5 個の代金　→　$5x$ 円

　　　1m のひもから a cm のひもを切り取ったときの

　　　残りの長さ　→　$100 - a$ (cm)，$1 - \dfrac{a}{100}$ (m)
└─────────────────────────────────┘

第3回 1次 計算技能

 次の計算をしなさい。

□ (1) $\dfrac{3}{4} \times 7\dfrac{1}{5}$

解説・解答 《分数の乗法》

$$\dfrac{3}{4} \times 7\dfrac{1}{5}$$

帯分数を仮分数になおします。

$$= \dfrac{3}{4} \times \dfrac{36}{5}$$

仮分数と帯分数のどちらで答えても正解です。

$$= \dfrac{3 \times \overset{9}{36}}{\underset{1}{4} \times 5} \quad \cdots 約分します。$$

$$= \boxed{\dfrac{27}{5}} \quad \left(\boxed{5\dfrac{2}{5}}\right) \quad \cdots\cdots 答$$

重要 **分数のかけ算**

分数に分数をかける計算では，分母どうし，分子どうしをかけます。

$$\dfrac{b}{a} \times \dfrac{d}{c} = \dfrac{b \times d}{a \times c}$$

□ (2) $\dfrac{1}{6} \div 5\dfrac{1}{3}$

解説・解答 《分数の除法》

$$\dfrac{1}{6} \div 5\dfrac{1}{3}$$

帯分数を仮分数になおします。

$$= \dfrac{1}{6} \div \boxed{\dfrac{16}{3}}$$

$$= \frac{1}{6} \times \boxed{\frac{3}{16}} \quad \text{…わる数の逆数をかける乗法になおします。}$$

$$= \frac{1 \times \overset{\boxed{1}}{3}}{6 \times 16} \quad \text{…約分します。}$$
$$\phantom{=\frac{1\times3}{6\times}}\underset{\boxed{2}}{}$$

$$= \boxed{\frac{1}{32}} \cdots\cdots \text{答}$$

分数のわり算は，わる数
の逆数をかけるかけ算に
して計算します。

逆数

　2つの数の積が1になるとき，一方の数を他方の数の
逆数といいます。

　分数の逆数は，分母と分子を入れかえた数になります。

分数のわり算

　分数を分数でわる計算では，わる数の逆数をかけます。

$$\frac{b}{a} \div \frac{d}{c} = \frac{b}{a} \times \frac{c}{d}$$

□ (3)　$0.8 \times \dfrac{1}{2} \div 1.9$

**解説
解答**　《小数や分数をふくむ計算》　

$$0.8 \times \frac{1}{2} \div 1.9$$

小数を分数になおします。

$$= \boxed{\frac{8}{10}} \times \frac{1}{2} \div \boxed{\frac{19}{10}}$$

わる数の逆数をかける乗法だけの式に
なおします。

$$= \frac{8}{10} \times \frac{1}{2} \times \boxed{\frac{10}{19}}$$

$$= \frac{\overset{\boxed{4}}{8} \times 1 \times \overset{\boxed{1}}{10}}{\underset{\boxed{1}}{10} \times \underset{\boxed{1}}{2} \times 19} \quad \text{…約分します。}$$

$$= \boxed{\frac{4}{19}} \cdots\cdots \text{答}$$

小数や分数をふくむ計算

　小数や分数をふくむ計算では，小数を分数になおして計算します（ただし，分数を小数になおして計算したほうが簡単な場合もあります）。

分数のかけ算とわり算のまじった計算

　分数のかけ算とわり算のまじった計算では，逆数を使って，かけ算だけの式になおして計算します。

$$\frac{b}{a} \times \frac{d}{c} \div \frac{f}{e} = \frac{b}{a} \times \frac{d}{c} \times \frac{e}{f}$$

例　$\dfrac{2}{3} \div \dfrac{3}{5} \times \dfrac{3}{4} = \dfrac{2}{3} \times \dfrac{5}{3} \times \dfrac{3}{4} = \dfrac{5}{6}$

☐ (4)　$\dfrac{5}{4} \times \dfrac{5}{3} + \dfrac{5}{2} \div \dfrac{3}{7}$

《分数の四則計算》

$$\dfrac{5}{4} \times \dfrac{5}{3} + \dfrac{5}{2} \div \dfrac{3}{7}$$

$$= \dfrac{5}{4} \times \dfrac{5}{3} + \dfrac{5}{2} \times \boxed{\dfrac{7}{3}}$$

）除法を乗法になおします。

$$= \boxed{\dfrac{25}{12}} + \boxed{\dfrac{35}{6}}$$

$$= \boxed{\dfrac{25}{12}} + \boxed{\dfrac{70}{12}}$$

）通分します。

$$= \boxed{\dfrac{95}{12}} \quad \left(\boxed{7\dfrac{11}{12}} \right) \quad \cdots\cdots 答$$

四則のまじった計算

　加減乗除のまじった計算では，**乗法・除法→加法・減法**の順に計算します。

□ (5) $2 \div 0.5 - 7 \div \dfrac{5}{4}$

 《小数や分数をふくむ四則計算》 —————————

$2 \div 0.5 - 7 \div \dfrac{5}{4}$

小数を分数になおします。

$= 2 \div \boxed{\dfrac{1}{2}} - 7 \div \dfrac{5}{4}$

除法を乗法になおします。

$= 2 \times \boxed{2} - 7 \times \boxed{\dfrac{4}{5}}$

$= \boxed{4} - \dfrac{28}{5}$

$= \boxed{\dfrac{20}{5}} - \dfrac{28}{5} = \boxed{-\dfrac{8}{5}}$ $\left(\boxed{-1\dfrac{3}{5}}\right)$ …… 答

 小数や分数をふくむ四則計算

小数や分数をふくむ加減乗除のまじった計算では，小数を分数になおしてから，乗法・除法→加法・減法の順に計算します。

□ (6) $-7 - (-8) + (-5)$

 《正負の数の加減》 —————————

$-7 - (-8) + (-5)$

かっこをはずし，項を並べた形にします。

$= -7 + \boxed{8} - \boxed{5}$

$= \boxed{-4}$ …… 答

 正負の数の加法・減法

正負の数の加法・減法では，かっこをはずして項を並べた形にして計算します。

例　$-9 + (-7) - (-6) = \underline{-9 - 7 + 6} = -10$

項を並べた式

□ (7) $(-2)^3 \times (-4)^2 \times \dfrac{3}{4}$

 《累乗をふくむ正負の数の計算》 ────────

$$(-2)^3 \times (-4)^2 \times \dfrac{3}{4}$$

累乗から計算します。

$$= (\boxed{-8}) \times \boxed{16} \times \dfrac{3}{4}$$

乗法を計算します。

$$= (\boxed{-8}) \times \boxed{12}$$

$$= \boxed{-96} \ \cdots\cdots 答$$

 まず累乗を計算してから，次に乗法の計算をします。

累乗をふくむ計算

累乗をふくむ計算では，**累乗→乗除→加減**の順に計算します。

例　$(-2)^2 \times (-4^2) \times \dfrac{1}{2} = \underline{4} \times \underline{(-16)} \times \dfrac{1}{2} = -32$

□ (8) $-2x + 3 + 10x - 8$

《1次式の加法・減法》 ────────

$$-2x + 3 + 10x - 8$$

$$= -2x + \boxed{10x} + \boxed{3} - 8$$

文字が同じ項どうし，数の項どうしをまとめます。

$$= \boxed{8x - 5} \ \cdots\cdots 答$$

1次式の加法・減法

文字が同じ項どうし，数の項どうしを集めて，それぞれまとめます。

問題 ◀ p.36　131

(9) $(-15x + 6) - 2(5x + 4)$

解説・解答 《かっこがある１次式の加法・減法》 ————————

$(-15x + 6) - 2(5x + 4)$

$= -15x + 6 - \boxed{10x} - \boxed{8}$ ）分配法則でかっこをはずします。

$= -15x - \boxed{10x} + 6 - \boxed{8}$ ）文字が同じ項どうし，数の項どう
しをまとめます。

$= \boxed{-25x - 2}$ ……答

---

 (10) $6(2a - 7) - \dfrac{1}{4}(10a - 6)$

解説・解答 《かっこがある１次式の加法・減法》 ————————

$6(2a - 7) - \dfrac{1}{4}(10a - 6)$

$= \boxed{12a} - 42 - \boxed{\dfrac{5}{2}}a + \dfrac{3}{2}$ ）分配法則でかっこをはずします。

$= \boxed{\dfrac{24}{2}}a - \boxed{\dfrac{5}{2}}a - \boxed{\dfrac{84}{2}} + \dfrac{3}{2}$ ）文字が同じ項どうし，数の項どう
しをまとめます。

$= \boxed{\dfrac{19}{2}a - \dfrac{81}{2}} \left(\boxed{\dfrac{19a - 81}{2}}\right)$ ……答

 かっこがある１次式の加法・減法

分配法則でかっこをはずし，文字が同じ項どうし，
数の項どうしを集めて，それぞれまとめます。

---

2 次の問いに答えなさい。

 (11) 25分は何秒ですか。

解説・解答 《時間の単位》 ————————————————————

1分＝ $\boxed{60}$ 秒ですから，25分は，

$\boxed{60} \times 25 = \boxed{1500}$ （秒）

答 $\boxed{1500}$ 秒

時間の単位

1 日＝ 24 時間，1 時間＝ 60 分，1 分＝ 60 秒

☐（12）　8 割 3 分 9 厘は何 % ですか。

《歩合の単位》

1 割は 10%，1 分は 1 %，1 厘は $\boxed{0.1}$ % ですから，

8 割 3 分 9 厘＝ $\boxed{83.9}$ %

答　$\boxed{83.9}$ %

10 割が 100 % ですね。

歩合の単位

割合	歩合	百分率
1	10 割	100%
0.1	1 割	10%
0.01	1 分	1%
0.001	1 厘	0.1%

☐（13）　0.28km^2 は何 m^2 ですか。

《面積の単位》

$1 \text{ km}^2 = \boxed{1000000}\text{m}^2$ ですから，

$0.28\text{km}^2 = \boxed{280000}\text{m}^2$

答　$\boxed{280000}\text{m}^2$

面積の単位

$1\text{m}^2 = 10000\text{cm}^2$，$1\text{km}^2 = 1000000\text{m}^2$

$1\text{a} = 100\text{m}^2$，$1\text{ha} = 10000\text{m}^2$，$1\text{ha} = 100\text{a}$

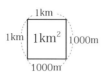

ワンポイント・アドバイス

下のような表をつくって考えると便利です。

	km²		ha		a		m²
0	2	8	0	0	0	0

$1km^2 = 1000m \times 1000m = 1000000m^2$

3 次の比をもっとも簡単な整数の比にしなさい。

□ (14) 51 : 34

 《比を簡単にする》

51 : 34

= (51 ÷ 17) : (34 ÷ 17)

= 3 : 2

> 51 と 34 の最大公約数
> 17 でわります。

答 3 : 2

□ (15) $\dfrac{3}{2} : \dfrac{4}{3}$

 《比を簡単にする》

$\dfrac{3}{2} : \dfrac{4}{3}$

$= \left(\dfrac{3}{2} \times 6\right) : \left(\dfrac{4}{3} \times 6\right)$

$= 9 : 8$

> 2 と 3 の最小公倍数 6 をかけて整
> 数の比で表します。

答 9 : 8

 比を簡単にする

　比を，それと等しい比で，できるだけ小さい整数の
比で表すことを，比を簡単にするといいます。

4 $x = -1$, $y = 5$ のとき，次の式の値を求めなさい。

☐ (16) $-x + \dfrac{4}{15}y$

解説・解答 《式の値》 ―――――――――――――――――――――――――●🔲🔲

$-x + \dfrac{4}{15}y$ に，$x = -1$，$y = 5$ を代入すると，

$-x + \dfrac{4}{15}y = -(\underline{-1}) + \dfrac{4}{15} \times \boxed{5}$

ポイント
負の数はかっこを
つけて代入します。

$= \boxed{1} + \dfrac{\boxed{4}}{3}$

$= \dfrac{\boxed{3}}{3} + \dfrac{\boxed{4}}{3}$

$= \dfrac{\boxed{7}}{3}$ 　　　　　　　答 $\dfrac{\boxed{7}}{3}$ $\left(\boxed{2\dfrac{1}{3}}\right)$

☐ (17) $2x^2 + 6y$

解説・解答 《式の値》 ―――――――――――――――――――――――――●🔲🔲

$2x^2 + 6y$ に，$x = -1$，$y = 5$ を代入すると，

$2x^2 + 6y = 2 \times (\boxed{-1})^2 + 6 \times \boxed{5}$

$= \boxed{2} + \boxed{30}$

$= \boxed{32}$ 　　　　　　　　　　　　　　答 $\boxed{32}$

✏️ **重要** **式の値**

　文字式に数値を代入して計算した結果を式の値といいます。

例 $3x^2 - 4xy$ に，$x = -2$，$y = 3$ を代入すると，

$3x^2 - 4xy = 3 \times (-2)^2 - 4 \times (-2) \times 3$

$= 12 + 24 = 36$

5 次の方程式を解きなさい。

□ (18)　$5x - 2 = 12 + 3x$

解説・解答　《1 次方程式》 ────────────────────────── □□□□

$$5x - 2 = 12 + 3x$$

-2, $\boxed{3x}$ を移項すると,

$$5x - \boxed{3x} = 12 + \boxed{2}$$
$$\boxed{2x} = \boxed{14}$$
$$x = \boxed{7}$$

答　$x = \boxed{7}$

□ (19)　$3.3x - 0.8 = 1.2 + 1.3x$

解説・解答　《1 次方程式》 ──────────────────── □□□□

$$3.3x - 0.8 = 1.2 + 1.3x$$

両辺を 10 倍すると,

$$33x - 8 = 12 + \boxed{13x}$$

-8, $\boxed{13x}$ を移項すると,

$$33x - \boxed{13x} = 12 + 8$$
$$\boxed{20x} = 20$$
$$x = \boxed{1}$$

> x の係数を整数にするために, 両辺を 10 倍します。

答　$x = \boxed{1}$

□ (20)　$\dfrac{2x + 5}{5} + \dfrac{x + 1}{10} = 2$

解説・解答　《1 次方程式》 ────────────────────────── □□□□

$$\frac{2x + 5}{5} + \frac{x + 1}{10} = 2$$

両辺を $\boxed{10}$ 倍すると,

ポイント
5 と 10 の
最小公倍数

$$\boxed{2}(2x + 5) + (x + 1) = \boxed{20}$$
$$\boxed{4x} + 10 + \boxed{x} + \boxed{1} = \boxed{20} \qquad 5x = \boxed{9}$$
$$x = \boxed{\dfrac{9}{5}}$$

答　$x = \boxed{\dfrac{9}{5}}$

1次方程式の解き方

① 係数に小数や分数があるときは，両辺に適当な数をかけて，係数を整数にします。かっこがあればはずします。

② 移項して，文字がある項どうし，数の項どうしを集めます。

③ 両辺を整理して $ax = b$ の形にします。

④ 両辺を x の係数でわります。

例 $0.5x + 1.4 = 0.2x + 3.5$ を解く。

両辺に 10 をかけると，　　$5x + 14 = 2x + 35$

14, $2x$ を移項すると，　　$5x - 2x = 35 - 14$

整理すると，　　　　　　　　　　$3x = 21$

両辺を 3 でわると，　　　　　　　$x = 7$

---

6 次の計算をしなさい。

☐ (21)　$3(5x - 4y) - 8(2x - 7y)$

 《多項式と数の乗法》

$3(5x - 4y) - 8(2x - 7y)$

$= \boxed{15x} - 12y - \boxed{16x} + \boxed{56y}$　分配法則で，かっこをはずします。

$= \boxed{15x} - \boxed{16x} - 12y + \boxed{56y}$　同類項をまとめます。

$= \boxed{-x + 44y}$ ……答

 多項式と数の乗法

多項式と数の乗法は，次のように分配法則を使って計算することができます。

例 $3(2a + b) = 3 \times 2a + 3 \times b$

$= 6a + 3b$

(22) $\dfrac{9x + 4y}{4} - \dfrac{3x + 7y}{5}$

解説・解答 《分数をふくむ式の計算》

$$\dfrac{9x + 4y}{4} - \dfrac{3x + 7y}{5}$$

$$= \dfrac{\boxed{5}(9x + 4y)}{20} - \dfrac{\boxed{4}(3x + 7y)}{20}$$ } 通分します。

$$= \dfrac{\boxed{5}(9x + 4y) - \boxed{4}(3x + 7y)}{20}$$ } 1つの分数にまとめます。

$$= \dfrac{\boxed{45x + 20y - 12x - 28y}}{20}$$ } かっこをはずします。

} 同類項をまとめます。

$$= \boxed{\dfrac{33x - 8y}{20}} \quad \cdots\cdots 答$$

 分数をふくむ式の計算

　分数をふくむ式の計算は，次の手順で計算すること
ができます。

　　　通分する

　　→1つの分数にまとめる

　　→分子のかっこをはずす

　　→同類項をまとめる

---

7 次の連立方程式を解きなさい。

☐ (23) $\begin{cases} x + y = 2 \\ x - 3y = 12 \end{cases}$

《連立方程式》━━━━━━━━━━━━━━━━━━━━━

$$\begin{cases} x + y = 2 & \cdots\cdots① \\ x - 3y = 12 & \cdots\cdots② \end{cases}$$

$$\begin{array}{rr} ① & x + y = 2 \\ ② \quad -) & x - 3y = 12 \\ \hline & \boxed{4y} = \boxed{-10} \\ & y = -\dfrac{\boxed{10}}{4} \\ & y = -\dfrac{\boxed{5}}{2} \end{array}$$

ポイント
加減法で，x を
消去します。

$y = \boxed{-\dfrac{5}{2}}$ を①へ代入すると，

$$x - \boxed{\dfrac{5}{2}} = 2$$

加減法と代入法の解
きやすい方法で解き
ましょう。

$$x = 2 + \dfrac{5}{2} = \boxed{\dfrac{9}{2}}$$

答 $x = \boxed{\dfrac{9}{2}}$，$y = \boxed{-\dfrac{5}{2}}$

□ (24) $\begin{cases} x = 3y - 1 \\ 2x - y = 23 \end{cases}$

《連立方程式》━━━━━━━━━━━━━━━━━━━━━

$$\begin{cases} x = 3y - 1 & \cdots\cdots① \\ 2x - y = 23 & \cdots\cdots② \end{cases}$$

①を②に代入すると，

$$2(\boxed{3y - 1}) - y = 23$$
$$\boxed{6y - 2} - y = 23$$
$$5y = \boxed{25}$$
$$y = \boxed{5}$$

ポイント
代入法で，x を
消去します。

$y = \boxed{5}$ を①へ代入すると，
$$x = 3 \times \boxed{5} - 1 = \boxed{14}$$

答 $x = \boxed{14}$，$y = \boxed{5}$

問題◀p.37 **139**

8 次の計算をしなさい。

☐ (25) $(2xy^2)^2 \div (- x^2y)$

解説 解答 《文字式の計算》 ─────────────

$$(2xy^2)^2 \div (- x^2y)$$

$$= \boxed{4x^2y^4} \div (- x^2y)$$

$$= - \frac{4x^2y^{\overset{3}{\cancel{4}}}}{\cancel{x^2}\cancel{y}}$$

$$= \boxed{- 4y^3} \cdots\cdots 答$$

☐ (26) $6x^3y^4 \div (4x^4y^3 \div 2x^2y)$

解説 解答 《文字式の計算》 ─────────────

$$6x^3y^4 \div (4x^4y^3 \div 2x^2y)$$

$$= 6x^3y^4 \div \frac{\overset{2}{\cancel{4}}x^{\overset{2}{\cancel{4}}}y^{\overset{2}{\cancel{3}}}}{\underset{1}{\cancel{2}}\cancel{x^2}\cancel{y}}$$

$$= 6x^3y^4 \div 2x^2y^2$$

$$= \frac{\overset{3}{\cancel{6}}x^3y^{\overset{2}{\cancel{4}}}}{\underset{1}{\cancel{2}}\cancel{x^2}y^{\cancel{2}}}$$

$$= \boxed{3xy^2} \cdots\cdots 答$$

> 分数の形の式に
> なおしてから，
> 約分します。

9 次の問いに答えなさい。

☐ (27) 等式 $4x - 5y + 7 = 0$ を y について解きなさい。

《文字式の計算》———————————————————

$$4x - 5y + 7 = 0$$

$4x$, 7 を移項すると,

$$\boxed{-5y} = \boxed{-4x} - 7$$

両辺を -5 でわると,

$$y = \boxed{\frac{4x + 7}{5}} \quad \left(y = \boxed{\frac{4}{5}} x + \frac{7}{5} \right) \quad \cdots\cdots \text{答}$$

　－5y を移項して, $4x + 7 = 5y$ としてから, 左辺と右辺を入れかえて, y について解くこともできます。

重要　等式の変形

　次のように, 等式①を変形して, x の値を求める等式②にすることを, 等式①を x について解くといいます。

例　①　$4y = 5 + 3x$　→　②　$x = \dfrac{4y - 5}{3}$

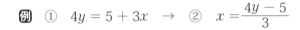

□（28）　変化の割合が 2 で, $x = -1$ のとき $y = -7$ となる 1 次関数の式を求めなさい。

 《直線の式》———————————————————

　求める直線を $y = ax + b$ とおくと, 変化の割合が 2 ですから,

$a = \boxed{2}$

　したがって, 式は, $y = \boxed{2}x + b$

　$x = -1$ のとき $y = -7$ ですから,

$$\boxed{-7} = \boxed{2} \times (\boxed{-1}) + b$$

よって,

$$b = \boxed{-5}$$

 答　$\boxed{y = 2x - 5}$

1次関数の式 $y = ax + b$ の求め方

① y 軸上の切片と傾きから式を求める。

  （a, b が与えられた場合）

② 直線が通る 1 点の座標と傾きから式を求める。

  （a と x, y の値の組が与えられた場合）

③ 直線が通る 2 点の座標から式を求める。

  （2 つの x, y の値の組が与えられた場合）

□ **(29)** 正九角形の 1 つの内角の大きさを求めなさい。

 《多角形と角》 ———————————————————

n 角形の内角の和は，$180° \times (n - 2)$ ですから，

$$180° \times (\boxed{9} - 2) = \boxed{1260°}$$

1 つの内角は，

$$1260° \div 9 = \boxed{140°}$$

答 $\boxed{140°}$

 多角形の外角の和は 360°ですから，正九角形の 1 つの外角は，

$$360° \div \boxed{9} = \boxed{40°}$$

1 つの内角は，

$$180° - \boxed{40°} = \boxed{140°}$$

答 $\boxed{140°}$

 n 角形の内角の和

  n 角形の内角の和は $180° \times (n - 2)$ です。

□（30）　右の図において，∠x の大き
さを求めなさい。

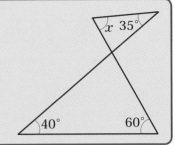

 《三角形と角》—————————————————

　上の図の2つの三角形で，対頂角は等しいから，残りの内
角の和は等しい。

　したがって，

$$\angle x + \boxed{35°} = 40° + \boxed{60°}$$

よって，　　　　　　　　　　$\angle x = \boxed{65°}$

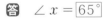 　　　　　　　　　　　　答　∠$x = \boxed{65°}$

 三角形の内角の和

　三角形の内角の和は $180°$ です。

三角形の内角と外角の関係

　三角形の1つの外角は，
それととなり合わない2つ
の内角の和に等しい。

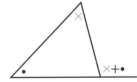

対頂角

　対頂角は等しい。

第3回 2次 数理技能

1 A君の家から学校までは 2km の距離です。A君は学校に行くとき，途中のBさんの家までは時速 9km で走り，Bさんの家から学校までは時速 4km で一緒に歩いて，A君が家を出てから20分で学校に着きます。このとき，次の問いに答えなさい。

□ (1) A君の家からBさんの家までの距離を $x$km とするとき，Bさんの家から学校までの距離を x を用いて表しなさい。

 《1次方程式》————————————————●●●□□

Bさんの家から学校までの距離は，A君の家から学校までの距離 2km から，A君の家からBさんの家までの距離 $x$km を引けばよいから，$\boxed{2-x}$ (km)。

答 $\boxed{2-x}$ km

□ (2) 方程式をつくり，A君の家からBさんの家までの距離，Bさんの家から学校までの距離をそれぞれ求めなさい。

 《1次方程式》————————————————●●●□□

A君の家からBさんの家までの時間は $\boxed{\dfrac{x}{9}}$ 時間であり，Bさんの家から学校までの時間は $\boxed{\dfrac{2-x}{4}}$ 時間であり，この合計が 20 分＝$\dfrac{1}{3}$ 時間なので，方程式は，

$$\boxed{\frac{x}{9}} + \boxed{\frac{2-x}{4}} = \frac{1}{3}$$

両辺に 36 をかけると，

ポイント
9と4の最小公倍数

$$\boxed{4x} + \boxed{9(2-x)} = 12$$
$$\boxed{4x} + \boxed{18-9x} = 12$$
$$-5x = \boxed{-6}$$
$$x = \frac{-6}{-5} = \boxed{1.2}$$

x の係数を整数にするために，両辺を 36 倍します。

したがって，A 君の家から B さんの家までの距離は 1.2km，B さんの家から学校までの距離は，

$$2 - x = 2 - 1.2 = \boxed{0.8} \ (\text{km})$$

答 A 君の家から B さんの家は $\boxed{1.2}$ km

B さんの家から学校は $\boxed{0.8}$ km

2 下の図のように，正八角形 ABCDEFGH は ℓ を対称の軸とする線対称な図形です。このとき，次の問いに答えなさい。

□（3） 頂点 D に対応する頂点はどれですか。

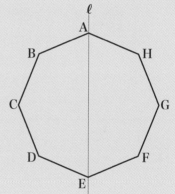

《線対称な図形》

点 D に対応する点は，点 D から対称の軸 ℓ に垂直な直線をひき，対称の軸までの長さを 2 倍にのばした点で，点 $\boxed{F}$ になります。

答 点 $\boxed{F}$

対称の軸を折り目として折ったとき，重なる点が対応する点です。

□（4）　正八角形 ABCDEFGH の対称の軸は ℓ 以外に何本ありますか。

 《線対称な図形》

　右の図のように頂点を通る対称
の軸が ℓ 以外に $\boxed{3}$ 本，辺の中点
を通る対称の軸が $\boxed{4}$ 本で，合わ
せて $\boxed{7}$ 本あります。

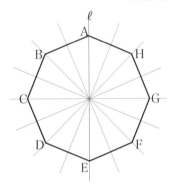

答 $\boxed{7}$ 本

ワンポイント・アドバイス
　頂点を通る軸と辺の中点を
通る軸があります。

 線対称な図形
重要
　直線を折り目として折り返したとき，折り目の両側
の部分がぴったり重なる図形を線対称な図形といいま
す。折り目の直線を対称の軸といいます。

3　下の表は，あるクラスの漢字テストの得点表です。これにつ
いて次の問いに答えなさい。　　　　　　　　　　　（統計技能）

得点（点）	0	10	20	30	40	50
人数（人）	1	3	x	15	y	4

□（5）　30 点の生徒はクラス全体の 30% でした。このクラスの人数
を求め，単位をつけて答えなさい。

 《割合》

　このクラスの人数を a 人とすると，　$a \times 0.3 = \boxed{15}$
　これを解くと，

ポイント
もとにする量×割合＝比べられる量

$$3a = \boxed{150}$$
$$a = \boxed{50}$$

答 $\boxed{50 人}$

□ (6) このクラス全体の平均点は 31.6 点でした。このとき表の中の x, y の値を求めなさい。

 《連立方程式》 ──────────────── ⬛⬜⬜⬜

(5) より，クラス全体の人数が 50 人ですから，

$$1 + 3 + x + 15 + y + 4 = \boxed{50} \qquad \cdots\cdots①$$

平均点が 31.6 点ですから，

$$0 \times 1 + 10 \times 3 + 20x + 30 \times 15 + 40y + 50 \times 4$$
$$= 31.6 \times \boxed{50} \qquad \cdots\cdots②$$

> **ポイント**
> 合計＝平均×人数

①，②をそれぞれ整理すると，

$$x + y = \boxed{27} \qquad \cdots\cdots①'$$
$$x + 2y = \boxed{45} \qquad \cdots\cdots②'$$

①′，②′を連立方程式として解きます。

$$
\begin{array}{r}
①' \qquad x + y = 27 \\
②' \qquad -)\ x + 2y = 45 \\
\hline
-\ y = \boxed{-18} \\
y = \boxed{18}
\end{array}
$$

$y = 18$ を①′に代入すると，

$$x + \boxed{18} = 27$$
$$x = \boxed{9}$$

答 $x = \boxed{9}$, $y = \boxed{18}$

---

4 右の図で，AD = BD，∠CAD = ∠CBD です。また，AE = BC です。このとき，次の問いに答えなさい。

（証明技能）

□ (7) BD が ∠ADC の二等分線であることを証明するには，どの三角形とどの三角形が合同であることを示せばよいですか。

《合同》 ———————————————————————————

　　∠ADE ＝∠BDC であることを証明すればよいから，これら
の角をふくむ △ADE と △BDC が合同であることを示します。

答　△ADE と △BDC

□ **(8)**　**(7)にもとづいて，BD が∠ADC の二等分線であることを**
**　　証明しなさい。**

 《合同》 ———————————————————————————

　　　△ADE と△BDC において，仮定から，

$$AD = \boxed{BD}$$
$$AE = \boxed{BC}$$
$$\angle CAD = \angle \boxed{CBD}$$

$\boxed{2\,辺とその間の角がそれぞれ等しい}$ から，

$$\triangle ADE \equiv \triangle \boxed{BDC}$$

合同な三角形の対応する角は等しいから，

$$\angle \boxed{ADE} = \angle \boxed{BDC}$$

すなわち，BD は∠ADC の二等分線である。

> 三角形の合同条件は，言葉でもいえ
> るようにおぼえておきましょう。

　三角形の合同条件

　　２つの三角形は，次のどれかが成り立つとき合同で
あるといいます。

①　３組の辺がそれぞれ等しい。

②　２組の辺とその間の角がそれぞれ等しい。

③　１組の辺とその両端の角がそれぞれ等しい。

5 右の図のような側面が二等辺三角形である四角錐 A-BCDE があります。この四角錐の底面は 2 辺が 5 cm と 8 cm の長方形であり，体積は 160 cm³ です。このとき，次の問いに答えなさい。 (測定技能)

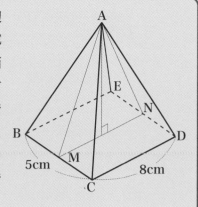

□ (9)　この四角錐の高さは何 cm ですか。

 《立体の体積》 ──────────

角錐の体積＝$\frac{1}{3}$×底面積×高さ ですから，高さを h cm とすると，　　$\frac{1}{3} \times 5 \times 8 \times h = \boxed{160}$

したがって，　　　　　　$h = \boxed{12}$ (cm)

答　$\boxed{12}$ cm

角錐の体積の公式から高さを求めます。

□ (10)　辺 BC の中点を M，辺 DE の中点を N とするとき，△AMN の面積は何 cm² になりますか。

 《三角形の面積》 ──────────

四角形 CDNM は長方形で，NM ＝ CD ＝ 8cm，また，高さは (9) より 12cm ですから，△AMN の面積は，

$$\frac{1}{2} \times \boxed{8} \times \boxed{12} = \boxed{48} \ (\text{cm}^2)$$

答　$\boxed{48}$ cm²

重要　三角形の面積

$$三角形の面積 = \frac{1}{2} \times 底辺 \times 高さ$$

角錐の体積

$$角錐の体積 = \frac{1}{3} \times 底面積 \times 高さ$$

6 　下の図のように，3点 A(0, 4)，B(−4, 0)，C(4, 0) があります。4点 D, E, F, G がそれぞれ線分 OC, CA, AB, BO 上にあるような長方形 DEFG をつくるとき，次の問いに答えなさい。

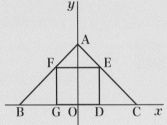

□ (11)　点 D の x 座標が 1 のとき，長方形 DEFG の面積を求めなさい。

《1次関数のグラフ》 ────────────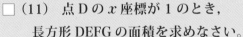

直線 AC の式は，傾きが −1 で，y 切片が 4 ですから，

$$y = \boxed{-x} + 4$$

点 D の x 座標が 1 のとき，点 E の x 座標は 1 で，y 座標は，

$$y = \boxed{-1} + 4 = \boxed{3}$$

したがって，長方形 DEFG の面積は，

$$GD \times DE = 2 \times \boxed{3} = 6$$

答

□ (12)　長方形 DEFG が正方形になるとき，点 E の座標を求めなさい。

《1次関数のグラフ》 ──────────────────── ◍◍◍

点 D$(d, 0)$ とすると，点 E は直線 AC：$y = -x + 4$ の上に
あるので，E$(d, -d + 4)$ となります。

GD $= \boxed{2d}$ ですから，長方形 DEFG が正方形になるとき，GD
$=$ DE より， $\boxed{2d} = -d + 4$

これを解くと， $d = \boxed{\dfrac{4}{3}}$

点 E の x 座標は $\boxed{\dfrac{4}{3}}$，y 座標は，$-\boxed{\dfrac{4}{3}} + 4 = \boxed{\dfrac{8}{3}}$

したがって，点 E の座標は，$\left(\boxed{\dfrac{4}{3}}, \boxed{\dfrac{8}{3}}\right)$

答 $\left(\dfrac{4}{3}, \dfrac{8}{3}\right)$

□ **(13)　長方形 DEFG において，GD：ED $= 2$：1 のとき，**
△AFE の面積を求めなさい。

《1次関数のグラフ》 ──────────────────── ◍◍◍

D$(d, 0)$ とすると，GD：ED $= 2$：1 より，

$$2d : (-d + 4) = 2 : 1$$
$$2d = 2(-d + 4)$$
$$2d = -2d + 8$$
$$4d = 8$$
$$d = \boxed{2}$$

点 E の y 座標は，

$$-d + 4 = \boxed{-2} + 4$$
$$= \boxed{2}$$

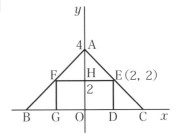

問題 ◀ p.42　151

△AFE の底辺を EF とし，EF と y 軸との交点を H とすると，高さは AH で，A$(0,\ 4)$，H$(0,\ \boxed{2})$ より，

$$AH = 4 - \boxed{2} = \boxed{2}$$

したがって，△AFE の面積は，

$$\frac{1}{2} \times 2d \times \boxed{2} = \frac{1}{2} \times 2 \times \boxed{2} \times \boxed{2}$$

$$= \boxed{4}$$

答 $\boxed{4}$

---

 1 次関数のグラフと x 軸，y 軸との交点の座標

1 次関数 $y = ax + b$ のグラフと x 軸との交点の座標は $\left(-\dfrac{b}{a},\ 0\right)$，$y$ 軸との交点の座標は $(0,\ b)$ です。

比例式の性質

$$a : b = c : d \ \ ならば，\quad ad = bc$$

---

7 500 円玉，100 円玉，10 円玉が 1 枚ずつ，合計 3 枚の硬貨を同時に投げます。このとき，次の問いに答えなさい。

☐（14） 硬貨の表裏の出方は何通りありますか。

解説 解答 《場合の数》

表を H，裏を T として下のような表をつくります。

500 円玉	H	H	H	T	H	T	T	T
100 円玉	H	H	T	H	T	H	T	T
10 円玉	H	T	H	H	T	T	H	T

これより，表裏の出方は $\boxed{8}$ 通りあります。

答 $\boxed{8}$ 通り

□（15） 3枚とも表が出る確率を求めなさい。

 《確率》 ────────────────────────

3枚とも表が出る出方は，表より HHH の 1 通りなので，

したがって， 求める確率は $\dfrac{1}{8}$

答 $\dfrac{1}{8}$

□（16） 表が 1 枚，裏が 2 枚出る確率を求めなさい。

 《確率》 ────────────────────────

表が 1 枚，裏が 2 枚出る出方は，表より HTT，THT，TTH の 3 通りなので，

したがって，求める確率は $\dfrac{3}{8}$

答 $\dfrac{3}{8}$

8 次の表は，5 か国についてある年の世界遺産の数をまとめたものです。これについて，下の問いに答えなさい。

（統計技能）

地域	合計	文化遺産	自然遺産	複合遺産
イタリア	49	45	4	0
ロシア	25	15	10	0
アメリカ	21	8	12	1
チェコ	12	12	0	0
アルゼンチン	8	4	4	0

□（17） 合計に対する自然遺産の数の割合がいちばん高い国はどこですか。

《統計》 ──────────────────────────── □■□□

それぞれの合計に対する自然遺産の数の割合を求めます。

イタリア $\dfrac{4}{49} = 0.08\cdots$ ロシア $\dfrac{10}{25} = 0.4$

アメリカ $\dfrac{\boxed{12}}{\boxed{21}} = 0.57\cdots$ チェコ $\dfrac{0}{12} = 0$

アルゼンチン $\dfrac{\boxed{4}}{\boxed{8}} = 0.5$

答 アメリカ

□（18） 上の表の5か国について，世界遺産の合計に対する自然遺産の合計の割合を，小数第3位を四捨五入して小数第2位まで求めなさい。

 《統計》 ──────────────────────────── □■□□

5か国の世界遺産の合計は，

49 + 25 + 21 + 12 + 8 = $\boxed{115}$

5か国の自然遺産の合計は，

4 + 10 + 12 + 0 + 4 = $\boxed{30}$

したがって，

30 ÷ 115 = $\boxed{0.260}\cdots\cdots$

答 0.26

 割合

　割合と比べられる量，もとにする量の間には次の関係があります。

割合＝比べられる量÷もとにする量

比べられる量＝もとにする量×割合

もとにする量＝比べられる量÷割合

9 右の図のように, 点 O (0, 0), 点 A (4, 5), 点 B (6, 0) を結んで△ AOB をつくります。このとき, 次の問いに答えなさい。

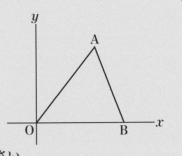

☐ (19) 点 O を通り, △ AOB の面積を二等分する直線の式を求めなさい。

 解説・解答　《1次関数》

求める直線は, 原点 O と辺 AB の中点を通る直線です。

辺 AB の中点の x 座標は $\dfrac{\boxed{4+6}}{2} = \boxed{5}$, y 座標は $\boxed{\dfrac{5}{2}}$

求める直線を $y = ax$ とおくと,

$$\boxed{\dfrac{5}{2}} = a \times \boxed{5} \qquad a = \boxed{\dfrac{1}{2}}$$

したがって, $\qquad y = \boxed{\dfrac{1}{2}} x$

答 $\boxed{y = \dfrac{1}{2} x}$

グラフは原点を通るから, 式は $y = ax$ と表すことができます。

☐ (20) 点 A を通り, △ AOB の面積を二等分する直線の式を求めなさい。

 解説・解答　《1次関数》

求める直線は, 点 A と辺 OB の中点を通る直線です。

点 A の座標は (4, 5), 辺 OB の中点の座標は ($\boxed{3}$, $\boxed{0}$)

求める直線を $y = ax + b$ とおくと，$x = 4$ のとき $y = 5$ ですから，

$$5 = \boxed{4a} + b \qquad \cdots\cdots①$$

$x = 3$ のとき $y = 0$ ですから，

$$0 = \boxed{3a} + b \qquad \cdots\cdots②$$

①，②を連立方程式として解くと，

①－②より，$\qquad a = \boxed{5}$

$a = 5$ を②に代入すると，$0 = 3 \times \boxed{5} + b$

$$b = \boxed{-15}$$

したがって，求める式は，$y = \boxed{5x - 15}$

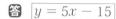 **答** $\boxed{y = 5x - 15}$

---

 1 次関数の式 $y = ax + b$ の求め方

① y 軸上の切片と傾きから式を求める。

$\quad$（a，b が与えられた場合）

② 直線が通る 1 点の座標と傾きから式を求める。

$\quad$（a と x，y の値の組が与えられた場合）

③ 直線が通る 2 点の座標から式を求める。

$\quad$（2 つの x，y の値の組が与えられた場合）

中点の座標

$\quad$ 2 点 $(a,\ b)$，$(c,\ d)$ の中点の座標は，

$$\left(\frac{a + c}{2},\ \frac{b + d}{2} \right)$$

第4回 1次 計算技能

1 次の計算をしなさい。

□ (1) $2\dfrac{1}{7} \times 3\dfrac{2}{5}$

解説・解答 《分数の乗法》

$$2\dfrac{1}{7} \times 3\dfrac{2}{5}$$

帯分数を仮分数になおします。

$$=\dfrac{15}{7} \times \dfrac{17}{5}$$

$$=\dfrac{\overset{3}{15} \times 17}{7 \times \underset{1}{5}} \quad \cdots 約分します。$$

$$=\boxed{\dfrac{51}{7}} \quad \left(\boxed{7\dfrac{2}{7}}\right) \quad \cdots\cdots 答$$

仮分数と帯分数のどちらで答えても正解です。

 分数のかけ算

重要

分数に分数をかける計算では，分母どうし，分子どうしをかけます。

$$\dfrac{b}{a} \times \dfrac{d}{c} = \dfrac{b \times d}{a \times c}$$

□ (2) $4\dfrac{1}{5} \div \dfrac{7}{8}$

解説・解答 《分数の除法》

$$4\dfrac{1}{5} \div \dfrac{7}{8}$$

帯分数を仮分数になおします。

$$=\boxed{\dfrac{21}{5}} \div \dfrac{7}{8}$$

$$=\boxed{\frac{21}{5}}\times\boxed{\frac{8}{7}}$$ …わる数の逆数をかける乗法になおします。

$$=\frac{\overset{3}{\cancel{21}}\times 8}{5\times\underset{1}{\cancel{7}}}$$ …約分します。

$$=\boxed{\frac{24}{5}}\quad\left(\boxed{4\frac{4}{5}}\right)\cdots\cdots \text{答}$$

分数のわり算は，わる数の逆数をかけるかけ算にして計算します。

 重要

分数のわり算

分数を分数でわる計算では，わる数の逆数をかけます。

$$\frac{b}{a}\div\frac{d}{c}=\frac{b}{a}\times\frac{c}{d}$$

□ (3)　$2.3\div 1\dfrac{1}{6}\div\dfrac{5}{3}$

 解説 解答　《小数や分数をふくむ計算》　━━━━━━━━━ ◻◼◻◻

$$2.3\div 1\frac{1}{6}\div\frac{5}{3}$$

小数を分数になおします。

$$=\boxed{\frac{23}{10}}\div\boxed{\frac{7}{6}}\div\boxed{\frac{5}{3}}$$

わる数の逆数をかける乗法だけの式になおします。

$$=\boxed{\frac{23}{10}}\times\boxed{\frac{6}{7}}\times\boxed{\frac{3}{5}}$$

$$=\frac{23\times\overset{3}{\cancel{6}}\times 3}{\underset{5}{\cancel{10}}\times 7\times 5}$$ …約分します。

$$=\boxed{\frac{207}{175}}\quad\left(\boxed{1\frac{32}{175}}\right)\cdots\cdots \text{答}$$

小数や分数をふくむ計算

　小数や分数をふくむ計算では，小数を分数になおして計算します（ただし，分数を小数になおして計算したほうが簡単な場合もあります）。

分数のかけ算とわり算のまじった計算

　分数のかけ算とわり算のまじった計算では，逆数を使って，かけ算だけの式になおして計算します。

$$\frac{b}{a} \times \frac{d}{c} \div \frac{f}{e} = \frac{b}{a} \times \frac{d}{c} \times \frac{e}{f}$$

例　$\dfrac{2}{3} \div \dfrac{3}{5} \times \dfrac{3}{4} = \dfrac{2}{3} \times \dfrac{5}{3} \times \dfrac{3}{4} = \dfrac{5}{6}$

□ (4)　$\dfrac{3}{2} + \dfrac{5}{4} \div \dfrac{5}{3}$

 解説・解答　《分数の四則計算》

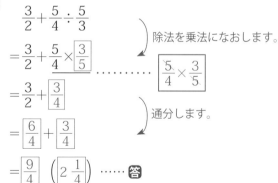

$$\frac{3}{2} + \frac{5}{4} \div \frac{5}{3}$$

$$= \frac{3}{2} + \frac{5}{4} \times \boxed{\frac{3}{5}}$$　……… 除法を乗法になおします。　$\boxed{\dfrac{5}{4} \times \dfrac{3}{5}}$

$$= \frac{3}{2} + \boxed{\frac{3}{4}}$$

$$= \boxed{\frac{6}{4}} + \boxed{\frac{3}{4}}$$　通分します。

$$= \boxed{\frac{9}{4}} \left(\boxed{2\frac{1}{4}} \right) \cdots\cdots 答$$

 四則のまじった計算

　加減乗除のまじった計算では，乗法・除法→加法・減法の順に計算します。

解説・解答 《小数や分数をふくむ四則計算》 —————————

$$\dfrac{7}{2} - 8 \div 1.6$$

$$= \dfrac{7}{2} - 8 \div \boxed{\dfrac{16}{10}}$$ 小数を分数になおします。

$$= \dfrac{7}{2} - 8 \times \boxed{\dfrac{10}{16}}$$ 除法を乗法になおします。

$$= \dfrac{7}{2} - \boxed{\dfrac{10}{2}}$$

$$= \boxed{-\dfrac{3}{2}} \left(\boxed{-1\dfrac{1}{2}} \right) \quad \cdots\cdots 答$$

小数や分数をふくむ四則計算
　小数や分数をふくむ加減乗除のまじった計算では，小数を分数になおしてから，乗法・除法→加法・減法の順に計算します。

 (6) $11 + (-15) - (-8)$

解説・解答 《正負の数の加法・減法》 —————————

$$11 + (-15) - (-8)$$ かっこをはずし，項を並べた形にします。

$$= 11 - \boxed{15} + \boxed{8}$$

$$= \boxed{4} \quad \cdots\cdots 答$$

正負の数の加法・減法
　正負の数の加法・減法では，かっこをはずして項を並べた形にして計算します。

例 $-9 + (-7) - (-6) = -9 - 7 + 6 = -10$
　　　　　　　　　　　　項を並べた式

□ (7) $\left(-\dfrac{3}{2}\right)^2 \div (-2^2)$

 《累乗をふくむ正負の数の計算》 ────────

$$\left(-\dfrac{3}{2}\right)^2 \div (-2^2)$$

累乗から計算します。

$$= \boxed{\dfrac{9}{4}} \div (\boxed{-4})$$

除法を乗法になおします。

$$= \boxed{\dfrac{9}{4}} \times \left(\boxed{-\dfrac{1}{4}}\right)$$

$$= \boxed{-\dfrac{9}{16}} \cdots\cdots 答$$

 累乗をふくむ計算

　累乗をふくむ計算では，累乗→乗除→加減の順に計算します。

例 $(-2)^2 \times (-4^2) \times \dfrac{1}{2}$

$$= \underline{4} \times \underline{(-16)} \times \dfrac{1}{2}$$

$$= -32$$

□ (8) $-3x + 8 - 9 + 15x$

 《1次式の加法・減法》 ────────

$$-3x + 8 - 9 + 15x$$

$$= -3x + \boxed{15x} + \boxed{8} - 9$$

文字が同じ項どうし，数の項どうしをまとめます。

$$= \boxed{12x - 1} \cdots\cdots 答$$

 1次式の加法・減法

　文字が同じ項どうし，数の項どうしを集めて，それぞれまとめます。

問題◀ p.46

□ (9)　$4(6x - 1) - (5x - 8)$

《かっこがある 1 次式の加法・減法》────────

$4(6x - 1) - (5x - 8)$

$= 24x - 4 - \boxed{5x} + \boxed{8}$

$= 24x - \boxed{5x} - 4 + \boxed{8}$

$= \boxed{19x + 4}$ ……答

）分配法則でかっこをはずします。

）文字が同じ項どうし，数の項どうしをまとめます。

かっこがある 1 次式の加法・減法

重要　　分配法則でかっこをはずしてから，文字が同じ項どうし，数の項どうしを集めて，それぞれまとめます。

□ (10)　$\dfrac{4}{3}(3x + 6) - 5(x - 1)$

《かっこがある 1 次式の加法・減法》────────

$\dfrac{4}{3}(3x + 6) - 5(x - 1)$

$= \dfrac{4}{3} \times 3x + \dfrac{4}{3} \times 6 - 5 \times x - 5 \times (-1)$

$= \boxed{4x} + \boxed{8} - \boxed{5x} + 5$

$= \boxed{4x} - \boxed{5x} + \boxed{8} + 5$

$= \boxed{-x + 13}$ ……答

）分配法則でかっこをはずします。

）文字が同じ項どうし，数の項どうしをまとめます。

分配法則を用いるとき，符号をまちがえないように注意！

2 次の □ にあてはまる数を求めなさい。

□ (11)　450mL は □ L です。

《容積の単位》━━━━━━━━━━━━━━━━━━━━

1000mL = 1 L ですから，450 mL は，0.45 L です。

答　0.45 L

 容積の単位

1 L = 10 dL = 1000 mL

□ (12)　□ g の 2 割 5 分は 160g です。

《歩合の単位》━━━━━━━━━━━━━━━━━━━━

歩合を割合で表すと，1 割は 0.1，1 分は 0.01 ですから，2 割
5 分は 0.25 です。

$$160 ÷ 0.25 = 640 \, (\text{g})$$

ポイント
比べられる量÷割合＝もとにする量

答　640 g

 歩合の単位

割合	歩合	百分率
1	10 割	100%
0.1	1 割	10%
0.01	1 分	1%
0.001	1 厘	0.1%

もとにする量の求め方

もとにする量＝比べられる量÷割合

---

(13)　秒速 25m は時速 □ km です。

解説
解答
《速さの単位》────────────────────

60 秒＝ 1 分，60 分＝ 1 時間 ですから，1 時間は，

$$60 \times 60 = 3600（秒）$$

したがって，秒速 25m は，時速で

$$25 \times \boxed{3600} = \boxed{90000}（m）$$

1000m ＝ 1km ですから，時速 $\boxed{90}$ km です。

答 $\boxed{90}$ km

解説
別解
秒速 25m ＝分速 $\boxed{1500}$ m ＝分速 $\boxed{1.5}$ km ＝時速 $\boxed{90}$ km

$\quad\quad\quad\quad 25 \times 60 \quad\quad 1500 \div 1000 \quad\quad 1.5 \times 60$

答 $\boxed{90}$ km

> **重要**
> **速さの単位**
> 　秒速 1m ＝分速 60m ＝時速 3600m

---

3 次の比をもっとも簡単（かんたん）な整数の比にしなさい。

 (14)　63：42

解説
解答
《比を簡単にする》────────────────

　63：42

＝（63 ÷ $\boxed{21}$）：（42 ÷ $\boxed{21}$）…63 と 42 の最大公約数 21 でわります。

＝ $\boxed{3}$：$\boxed{2}$

答 $\boxed{3}$：$\boxed{2}$

> **ワンポイント・アドバイス**
> 　63 と 42 の最大公約数は右のようにして求め　　3) 63　　42
> ることができます。　3 × 7 ＝ 21　　　　　　　7) 21　　14
> 　　　　　　　　　　　　　　　　　　　　　　　　　3　　 2

□ (15)　$\dfrac{2}{15} : \dfrac{8}{3}$

 《比を簡単にする》———————————————

$$\dfrac{2}{15} : \dfrac{8}{3}$$

$$= \left(\dfrac{2}{15} \times \boxed{15}\right) : \left(\dfrac{8}{3} \times \boxed{15}\right)$$

15 と 3 の最小公倍数 15 をかけて
整数の比で表します。

$$= \boxed{2} : \boxed{40}$$

$$= \boxed{1} : \boxed{20}$$

まず，整数の比に
なおします。

答　$\boxed{1} : \boxed{20}$

比の性質

　$a : b$ の a，b に同じ数をかけたり，a，b を同じ数でわったりしてできる比は，すべて **等しい比** になります。

比を簡単にする

　比を，それと等しい比で，できるだけ小さい整数の比で表すことを，**比を簡単にする**といいます。

比の値

　$a : b$ で表された比で，$a \div b$ の値を**比の値**といいます。

例　$12 : 4$ の比の値は，$12 \div 4 = 3$

比を簡単にする
ことは，約分と
似ていますね。

$x = 2$, $y = -3$ のとき，次の式の値を求めなさい。

□ (16) $\dfrac{4x + y}{5}$

解説・解答 《式の値》──────────────────────────────

$\dfrac{4x + y}{5}$ に，$x = 2$，$y = -3$ を代入すると，

$\dfrac{4x + y}{5} = \dfrac{4 \times \boxed{2} + (-3)}{5}$

$= \dfrac{\boxed{8} - 3}{5}$

$= \dfrac{\boxed{5}}{5}$

$= \boxed{1}$

答 $\boxed{1}$

□ (17) $x^2 + xy + 2y^2$

解説・解答 《式の値》──────────────────────────────

$x^2 + xy + 2y^2$ に，$x = 2$，$y = -3$ を代入すると，

$x^2 + xy + 2y^2 = 2^2 + 2 \times (\boxed{-3}) + 2 \times (\boxed{-3})^2$

$= \boxed{4} - \boxed{6} + \boxed{18}$

$= \boxed{16}$

答 $\boxed{16}$

 式の値
重要　文字式に数値を代入して計算した結果を**式の値**といいます。

 次の方程式を解きなさい。

□ (18) $4x - 3 = 3x + 9$

《1次方程式》

$$4x - 3 = 3x + 9$$

$\boxed{3x}$，-3 を移項すると，

$$4x - \boxed{3x} = 9 + \boxed{3}$$

$$x = \boxed{12}$$

答　$x = \boxed{12}$

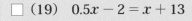
□　(19)　$0.5x - 2 = x + 13$

《1次方程式》

$$0.5x - 2 = x + 13$$

両辺を 10 倍すると，

$$5x - 20 = 10x + 130$$

$\boxed{10x}$，-20 を移項すると，

$$5x - \boxed{10x} = 130 + \boxed{20}$$

$$\boxed{-5x} = \boxed{150}$$

$$x = \boxed{-30}$$

答　$x = \boxed{-30}$

x の係数を整数にするために，両辺を10倍します。

□　(20)　$\dfrac{x + 2}{4} + \dfrac{3x - 1}{2} = 8$

《1次方程式》

$$\frac{x + 2}{4} + \frac{3x - 1}{2} = 8$$

両辺を $\boxed{4}$ 倍すると，

$$x + 2 + 2(3x - 1) = \boxed{32}$$

$$x + 2 + \boxed{6x - 2} = 32$$

$$7x = \boxed{32}$$

$$x = \boxed{\frac{32}{7}}$$

答　$x = \boxed{\dfrac{32}{7}}$

1次方程式

（1次式）＝0の形に変形できる方程式を1次方程式といいます。

1次方程式の解き方

① 係数に小数や分数があるときは，両辺に適当な数をかけて，係数を整数にします。かっこがあればはずします。

② 移項して，文字がある項どうし，数の項どうしを集めます。

③ 両辺を整理して $ax = b$ の形にします。

④ 両辺を x の係数でわります。

例 $0.5x + 1.4 = 0.2x + 3.5$ を解く。

両辺に 10 をかけると，　　$5x + 14 = 2x + 35$

14, $2x$ を移項すると，　　$5x - 2x = 35 - 14$

整理すると，　　　　　　　　　　$3x = 21$

両辺を 3 でわると，　　　　　　　　$x = 7$

---

6 次の計算をしなさい。

☐ (21) $11(x - y) + 4(3x - 5y)$

《多項式と数の乗法》────────────────

$11(x - y) + 4(3x - 5y)$ 　　　　分配法則で，かっこをはずします。

$= \boxed{11x} - 11y + \boxed{12x} - \boxed{20y}$

$= \boxed{11x} + \boxed{12x} - 11y - \boxed{20y}$ 　　同類項をまとめます。

$= \boxed{23x - 31y}$ ……**答**

多項式と数の乗法

多項式と数の乗法は，次のように分配法則を使って計算することができます。

例　$3(2a + b) = 3 \times 2a + 3 \times b = 6a + 3b$

□ (22) $\dfrac{2x + 5y}{3} - \dfrac{x + y}{8}$

 《分数をふくむ式の計算》 —————————————

$$\dfrac{2x + 5y}{3} - \dfrac{x + y}{8}$$

通分します。

$$= \dfrac{\boxed{8}(2x + 5y)}{24} - \dfrac{\boxed{3}(x + y)}{24}$$

1つの分数にまとめます。

$$= \dfrac{\boxed{8}(2x + 5y) - \boxed{3}(x + y)}{24}$$

かっこをはずします。

$$= \dfrac{\boxed{16x + 40y - 3x - 3y}}{24}$$

同類項をまとめます。

$$= \boxed{\dfrac{13x + 37y}{24}} \ \cdots\cdots 答$$

分数をふくむ式の計算

分数をふくむ式の計算は，次の手順で計算することができます。

通分する　→　1つの分数にまとめる

→　分子のかっこをはずす　→　同類項をまとめる

例　$\dfrac{2x + 4y}{3} + \dfrac{x + y}{4}$

$$= \dfrac{4(2x + 4y)}{12} + \dfrac{3(x + y)}{12}$$

$$= \dfrac{8x + 16y + 3x + 3y}{12} = \dfrac{11x + 19y}{12}$$

7 次の連立方程式を解きなさい。

$\square$ (23) $\begin{cases} 5x = 2y + 7 \\ 3x + 4y = -1 \end{cases}$

解説・解答 《連立方程式》 ━━━━━━━━━━━━━━━━━━ ◧◧▨

$$\begin{cases} 5x = 2y + 7 & \cdots\cdots① \\ 3x + 4y = -1 & \cdots\cdots② \end{cases}$$

①より,

$$5x - 2y = 7 \quad \cdots\cdots①'$$

$$\begin{array}{ll} ①' \times 2 & 10x - 4y = 14 \\ ② & \underline{+)\ \ 3x + 4y = -1} \\ & \boxed{13x} = \boxed{13} \\ & x = \boxed{1} \end{array}$$

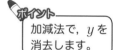
ポイント
加減法で, y を
消去します。

$x = 1$ を①に代入すると,

$$5 \times \boxed{1} = 2y + 7$$
$$2y = 5 - 7$$
$$y = \boxed{-1}$$

答 $x = \boxed{1}$, $y = \boxed{-1}$

$\square$ (24) $\begin{cases} \dfrac{x+5}{5} + 2y = -8 \\ x + \dfrac{x+y}{2} = 5 \end{cases}$

 《連立方程式》 ━━━━━━━━━━━━━━━━━

$$\begin{cases} \dfrac{x+5}{5} + 2y = -8 & \cdots\cdots① \\ x + \dfrac{x+y}{2} = 5 & \cdots\cdots② \end{cases}$$

①の両辺に 5 をかけると、

$$x + 5 + 10y = \boxed{-40}$$
$$x + 10y = \boxed{-45} \quad \cdots\cdots①'$$

②の両辺に 2 をかけると、

$$2x + (x + y) = 10$$
$$3x + y = \boxed{10} \quad \cdots\cdots②'$$

$$
\begin{array}{ll}
①' \times 3 & 3x + 30y = -135 \\
②' & \underline{-)\ 3x + \quad y = \quad 10} \\
& \boxed{29y} = \boxed{-145} \\
& y = \boxed{-5}
\end{array}
$$

1次

第4回　解説・解答

ポイント
加減法で，x を
消去します。

$y = \boxed{-5}$ を①'に代入すると、

$$x + 10 \times (\boxed{-5}) = -45$$
$$x = -45 + \boxed{50} = \boxed{5}$$

答　$x = \boxed{5}$, $y = \boxed{-5}$

加減法と代入法の解
きやすい方法で解き
ましょう。

重要

連立方程式の解き方　加減法

　連立方程式の左辺どうし，右辺どうしを加えたりひ
いたりして，一方の文字を消去して解く方法。

連立方程式の解き方　代入法

　一方の式を 1 つの文字について解いて他の式に代
入して解く方法。

次の計算をしなさい。

☐ (25) $7xy \times (-4xy^2)^2$

解説
解答 《文字式の計算》—————————————— ◯◯◯◯

$7xy \times \underline{(-4xy^2)^2}$ ··· $(-4) \times (-4) \times x \times x \times yy \times yy$

$= 16x^2y^{2+2} = 16x^2y^4$

$= 7xy \times \boxed{16x^2y^4}$

$= \boxed{7} \times \boxed{16} \times x \times x^2 \times y \times y^4$

$= \boxed{112x^3y^5}$ ······ 答

☐ (26) $6xy \times 2x^2y^2 \div (-18x)$

解説
解答 《文字式の計算》—————————————— ◯◯◯◯

$6xy \times 2x^2y^2 \div (-18x)$

$= -\dfrac{\overset{1}{6xy} \times 2x^2y^2}{\underset{3}{18x}}$

$= \boxed{-\dfrac{2}{3}x^2y^3}$ ······ 答

分数の形の式に
なおしてから,
約分します。

累乗

m, n を正の整数とするとき,

① $a^m a^n = a^{m+n}$

② $(a^m)^n = a^{mn}$

③ $(ab)^n = a^n b^n$

例 $a^2 a^3 = aa \times aaa = a^5$

$(a^2)^3 = aa \times aa \times aa = a^{2 \times 3} = a^6$

$(ab)^3 = ab \times ab \times ab = aaa \times bbb = a^3 b^3$

$(2 \times 3)^3 = 6^3 = 216$

$(2 \times 3)^3 = 2^3 \times 3^3 = 8 \times 27 = 216$

上の①, ②, ③を指数法則といいます。高校で学習しますが, おぼえておくと便利です。

9 次の問いに答えなさい。

□ (27) 等式 $3x - 4y = 5$ を y について解きなさい。

 《文字式の計算》

$3x - 4y = 5$

$3x$ を移項すると,

$-4y = \boxed{-3x + 5}$

両辺を -4 でわると,

$y = \boxed{\dfrac{3x - 5}{4}}$ …… 答

(28) 2点(1，1)，(3，5)を通る直線の式を求めなさい。

解説・解答 《直線の式》 ────────────

求める直線の式を $y = ax + b$ とすると，点 $(1, 1)$ を通るから，

$$\boxed{1} = a \times 1 + b$$

$$a + b = \boxed{1} \quad \cdots\cdots ①$$

ポイント

直線の式は $y = ax + b$ と表すことができます。

点 $(3, 5)$ を通るから，

$$5 = a \times 3 + b$$

$$3a + b = \boxed{5} \quad \cdots\cdots ②$$

②－①より，$2a = \boxed{4}$

$$a = \boxed{2}$$

①に代入して，$2 + b = 1$

$$b = \boxed{-1}$$

答 $\boxed{y = 2x - 1}$

---

(29) 右の図におい
て，$\angle x$ の大きさ
を求めなさい。

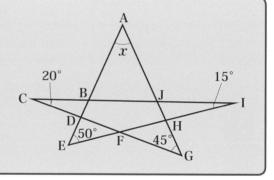

解説・解答 《平面図形》 ──────────── ◆◆◆◆

次の図で，三角形の1つの外角は，となりにない2つの内角
の和に等しいから，

△BEI に注目すると，

$$\angle ABJ = \angle BEI + \angle BIE$$

$$= 50° + 15° = \boxed{65°} \quad \cdots\cdots ①$$

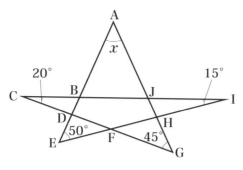

△JCG に注目すると，

$$\angle \text{AJB} = \angle \text{JCG} + \angle \text{JGC}$$
$$= 20° + 45° = \boxed{65°} \quad \cdots\cdots ②$$

三角形の内角の和は 180°なので，

　△ABJ に注目すると，

$$\angle x + \angle \text{ABJ} + \angle \text{AJB} = \boxed{180°} \quad \cdots\cdots ③$$

③に，①と②を代入して，

$$\angle x + \boxed{65°} + \boxed{65°} = \boxed{180°}$$
$$\angle x = \boxed{50°}$$

答 $\angle x = \boxed{50°}$

三角形 ABJ の内角の和が 180°であることを利用します。

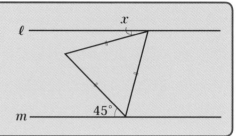

□ (30) 右の図において，
$\ell /\!/ m$ のとき，$\angle x$ の
大きさを求めなさい。

 《平行線と角》 ————————————————————

下の図のように，直線 ℓ，m に平行な直線をひきます。

下の図から，錯角が等しいことを用いて角の大きさを求めます。

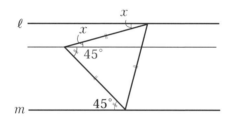

正三角形の1つの内角は $60°$ なので，

$$\angle x + 45° = 60°$$
$$\angle x = \boxed{15°}$$

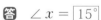 答　$\angle x = \boxed{15°}$

第4回 2次 数理技能

1 姉が持っているえん筆の本数が，妹が持っているえん筆の本数の5倍より2本多いとき，次の問いに答えなさい。

□（1） 妹が持っているえん筆の本数を x 本とするとき，姉の持っているえん筆の本数を x を用いて表しなさい。　（表現技能）

 《1次方程式》

姉の持っているえん筆の本数は，妹が持っているえん筆の本数 x 本の5倍より2本多いから，$\boxed{5x+2}$（本）。

答 $\boxed{5x+2}$ 本

□（2） いま，姉の持っているえん筆のうち，3本を妹にあげたところ，姉の持っているえん筆の本数は妹の持っているえん筆の本数の3倍になりました。はじめに姉が持っていたえん筆の本数を求めなさい。

 《1次方程式》

姉の持っているえん筆のうち3本を妹にあげると，姉の本数は，

$$5x+2-\boxed{3}=\boxed{5x-1}\text{（本）}$$

このとき，妹の本数は，$\boxed{x+3}$（本）

姉の本数は妹の本数の3倍ですから，

$$\boxed{5x-1}=3(\boxed{x+3})$$

これを解くと，　　　　$x=\boxed{5}$

はじめに姉の持っていたえん筆の本数は，

$$5x+2=5\times\boxed{5}+2=\boxed{27}\text{（本）}$$

答 $\boxed{27}$ 本

問題◀ p.48，p.50

1次方程式

① わかっている数量と求める数量を明らかにして，求める数量を文字で表します。

② 等しい関係にある数量について，等式をつくります。

③ ②でつくった方程式を解きます。

④ 方程式の解が問題に適しているかどうか確かめます。

---

2 現在父はA君のちょうど4倍の年齢です。4年後に父がA君のちょうど3倍の年齢になります。このとき，次の問いに答えなさい。

□ (3) 現在のA君の年齢を x 歳，父の年齢を y 歳として連立方程式をつくりなさい。　　　　　　　（表現技能）

《連立方程式の応用》————————————————

現在の父の年齢 y 歳はA君の年齢 x 歳の4倍ですから，

$$y = \boxed{4x}$$

4年後の父の年齢（$\boxed{y + 4}$）歳はA君の年齢（$\boxed{x + 4}$）歳の3倍ですから，

$$\boxed{y + 4} = 3(\boxed{x + 4})$$

答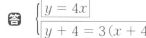

ワンポイント・アドバイス

年齢の問題では，2人が同じように年をとっていることに注意しましょう。4年後の父とA君の年齢→（$y + 4$）歳，（$x + 4$）歳。

□（4）（3）の連立方程式を解き，x, y の値をそれぞれ求めなさい。
この問題は，計算の途中の式と答えを書きなさい。

 《連立方程式》 ————————————————————

$$\begin{cases} y = 4x & \cdots\cdots① \\ y + 4 = 3(x + 4) & \cdots\cdots② \end{cases}$$

①を②に代入すると，

$$\boxed{4x} + 4 = 3(x + 4)$$
$$\boxed{4x} + 4 = \boxed{3x} + \boxed{12}$$

4，$3x$ を移項すると，

$$4x - \boxed{3x} = \boxed{12} - 4$$
$$x = \boxed{8}$$

$x = 8$ を①に代入すると，

$$y = 4 \times \boxed{8} = \boxed{32}$$

答 $x = \boxed{8}$, $y = \boxed{32}$

 連立方程式の応用

次の手順で解くことができます。

① どの数量を文字で表すかを決めます。

② 等しい関係にある数量を見つけて連立方程式をつくります。

③ 連立方程式を解きます。

④ 連立方程式の解が問題に適しているかどうか確かめます。

 連立方程式の解が問題に適していない場合があります。解を求めたら適しているかどうか確かめましょう。ただし，解が適する場合には，解答で解の確かめを示さなくてもかまいません。

問題 ◀ p.50

3 4枚のコインを同時に1回投げます。このとき，次の問いに答えなさい。

□ (5) 表が1枚，裏が3枚出る確率を求めなさい。

解説・解答 《確率》

まず，コインの表と裏の出方が何通りあるか調べます。4枚のコインをA，B，C，Dとし，表を○，裏を×として，表と裏の出方を樹形図に表すと，次のようになります。

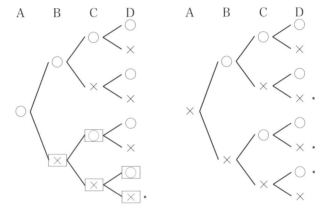

表と裏の出方は全部で 16 通りあります。そのうち，裏が3枚出る場合は，上の図の・の場合で，全部で 4 通りです。

したがって，表が1枚，裏が3枚出る確率は，

$$\frac{4}{16} = \frac{1}{4}$$

答 $\dfrac{1}{4}$

解説・別解 表が1枚出る場合は，A，B，C，Dの4枚のコインのうち，それぞれ1枚だけが表になる場合で，全部で 4 通りあります。

また，4枚のコインの出方の総数は，A，B，C，Dそれぞれ表・裏の2通りずつあるから，

$$2 \times 2 \times 2 \times 2 = 16 \text{（通り）}$$

したがって，表が1枚，裏が3枚出る確率は，

$$\frac{4}{16} = \frac{1}{4}$$

答 $\dfrac{1}{4}$

（6）　少なくとも 1 枚裏が出る確率を求めなさい。

解説・解答　《確率》

「4 枚とも表が出る」場合以外が，「少なくとも 1 枚裏が出る」場合です。

4 枚とも表が出る場合は 1 通りです。

また，4 枚のコインの出方は（5）より 16 通りです。

したがって，4 枚とも表が出る確率は，$\dfrac{1}{16}$

よって，少なくとも 1 枚裏が出る確率は，

$$1 - \dfrac{1}{16} = \dfrac{15}{16}$$

答 $\dfrac{15}{16}$

ワンポイント・アドバイス

「少なくとも 1 枚裏が出る」とは，1 枚か 2 枚か 3 枚か 4 枚裏が出るということで，全部表が出る場合を除いたすべての場合です。

4　次の文章が示す数量の関係を文字式で表しなさい。

 （7）　a％の食塩水 100g と，b％の食塩水 200g を混ぜてできる食塩水の濃度（％）。

解説・解答　《割合と文字式》

a％の食塩水 100g にふくまれる食塩の量は，

$$100 \times \dfrac{a}{100} = a \text{（g）}$$

b％の食塩水 200g にふくまれる食塩の量は，

$$200 \times \dfrac{b}{100} = 2b \text{（g）}$$

ですから，混ぜてできる食塩水の濃度（％）は，

$$\dfrac{a + 2b}{100 + 200} \times 100 = \dfrac{a + 2b}{3} \text{（％）}$$

答 $\dfrac{a + 2b}{3}$％

（8）　上底の長さが下底の長さの半分で，上底の長さが $x$cm，高さが $y$cm の台形の面積。

解説・解答　《面積と文字式》

上底の長さが $x$cm なので，下底の長さは $\boxed{2x}$ cm となります。高さは $y$cm ですから，台形の面積は，

$$\frac{1}{2}\ (x + \boxed{2x}) \times y = \boxed{\dfrac{3}{2}}\ xy\ (\text{cm}^2)$$

答　$\boxed{\dfrac{3}{2}}\ xy\,\text{cm}^2$

5　右の図において，AB ＝ AC で，∠B の二等分線が辺 AC と交わる点を D，∠C の二等分線が辺 AB と交わる点を E とします。このとき，次の問いに答えなさい。

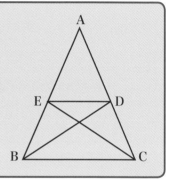

（9）　△ABD と合同な三角形を答えなさい。

解説・解答　《三角形の合同》

∠$\boxed{\text{A}}$ は共通，$\boxed{\text{AB}}$ ＝ $\boxed{\text{AC}}$，$\boxed{\text{AD}}$ ＝ $\boxed{\text{AE}}$ より，△$\boxed{\text{ACE}}$ となります。

答　△$\boxed{\text{ACE}}$

（10）　△ABD と（9）で答えた三角形が合同であることを証明しなさい。

解説・解答　《三角形の合同》

△ABC は AB ＝ AC の二等辺三角形なので，底角は等しいから，　　∠$\boxed{\text{ABC}}$＝∠$\boxed{\text{ACB}}$　……①

線分 BD，CE は，それぞれ∠ABC，∠ACB の二等分線なので，　　∠$\boxed{\text{ABD}}$ ＝ ∠$\boxed{\text{ABC}}$ × $\dfrac{1}{2}$　……②

$$∠\boxed{\text{ACE}} = ∠\boxed{\text{ACB}} \times \frac{1}{2}　……③$$

よって，①，②，③より，
$$\angle \boxed{ABD} = \angle \boxed{ACE} \qquad \cdots\cdots ④$$
したがって，△ ABD と△ $\boxed{ACE}$ において，∠ $\boxed{A}$ は共通
仮定から $\boxed{AB} = \boxed{AC}$
④から∠ $\boxed{ABD} = \angle \boxed{ACE}$
ゆえに，1 組の辺とその両端の角がそれぞれ等しいので，
$$\triangle ABD \equiv \triangle \boxed{ACE}$$

三角形の合同条件は，言葉でもいえるようにおぼえておきましょう。

三角形の合同条件

　2つの三角形は，次のどれかが成り立つとき合同であるといいます。

①　3 組の辺がそれぞれ等しい。

②　2 組の辺とその間の角がそれぞれ等しい。

③　1 組の辺とその両端の角がそれぞれ等しい。

□（11）　四角形 EBCD はどのような四角形ですか。下の①〜④の中から 1 つ選び，その番号で答えなさい。

①正方形　　　②ひし形　　　③台形　　　④平行四辺形

《平面図形》—————————————————

　(9) から，AB = AC，AE = AD なので，△ ABC と△ AED は二等辺三角形です。∠ A の二等分線は底辺に直角に交わるため，$\boxed{ED} \mathbin{/\mkern-5mu/} \boxed{BC}$ となります。

　向かい合った 1 組の辺が平行な四角形は，台形になります。

答　③

6　右の図は，たて 24cm，横 30cm の長方形です。点 P は頂点 A を出発して毎秒 2cm の速さで点 B まで進みます。点 P が A を出発してから x 秒後の △APD の面積を $y$cm² とします。このとき，次の問いに答えなさい。

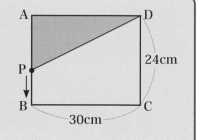

□ (12)　x の変域を求めなさい。

　《1次関数》 ———————————————

　点 P が点 B に着くのは 24 ÷ 2 = 12 より，12 秒後ですから，

$$\boxed{0} \leqq x \leqq \boxed{12}$$

　　　　　　　　　　　　　　　　　　　答 $\boxed{0} \leqq x \leqq \boxed{12}$

□ (13)　y を x の式で表しなさい。

　《1次関数》 ———————————————

　AD = $\boxed{30}$ cm，AP = $\boxed{2x}$ cm ですから，

$$y = \frac{1}{2} \times \boxed{30} \times \boxed{2x}$$

　したがって，　　　　　　$y = \boxed{30x}$

　　　　　　　　　　　　　　　　　　　答 $y = \boxed{30x}$

（14） x, y の関係を，グラフに表しなさい。

 《1次関数》————————————————————

x の変域に注意してグラフをかきます。

（13）で求めた式 $y = 30x$ に $x = 12$ を代入すると，

$$y = 30 \times \boxed{12} = \boxed{360}$$

グラフは原点 O と点（$\boxed{12}$, $\boxed{360}$）を通る直線ですから，右の図のようになります。

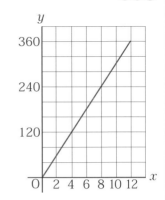

2次

第4回 解説・解答

✎ 変域
重要

変数のとりうる値の範囲を，その変数の**変域**といいます。

関数 $y = ax$（a は比例定数）のグラフ

原点を通る直線になります。

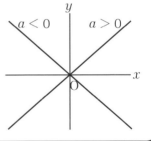

<table>
<tr><td rowspan="2"></td><td>国名</td><td>台数（万台）</td></tr>
</table>

7 次の表は，ある年の自動車の輸出台数の多い国を一覧表にしたものです。この表について，次の問いに答えなさい。 （統計技能）

□ (15) フランスはスペインより何万台輸出台数が多いですか。

国名	台数（万台）
大韓民国	277
アメリカ合衆国	150
スペイン	208
日本	484
ドイツ	449
フランス	479

解説解答 《表の数値の計算》 ———————————————

フランスは 479 万台，スペインは 208 万台ですから，

479 － 208 ＝ 271 （万台）

答 271 万台

□ (16) 輸出台数が 1 位の国は 4 位の国のおよそ何倍の台数を輸出していますか。小数第 2 位を四捨五入して小数第 1 位まで求めなさい。

解説解答 《割合の計算》 ———————————————

1 位は日本で 484 万台，4 位は大韓民国で 277 万台です。

484 ÷ 277 ＝ 1.74 …… （倍）

答 1.7 倍

ポイント
割合＝比べられる量÷もとにする量

 割合
重要

何倍かを求めるときは，割合，比べられる量，もとにする量の関係を使います。

割合＝比べられる量÷もとにする量

8 右の図のように, x 軸と点 A $(4, 0)$, y 軸と点 B $(0, 3)$ で交わる直線 ℓ があります。このとき, 次の問いに答えなさい。

□ (17) 直線 ℓ の方程式を求めなさい。

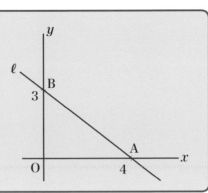

 《直線の方程式》 ━━━━━━━━━━━━━━━ ⬛⬛⬛

直線 ℓ の式を $y = ax + b$ とおくと, 切片は 3 なので,

$$b = \boxed{3}$$

よって, 直線 ℓ の式は $y = ax + \boxed{3}$ となり, A$(4, 0)$ を通るので,

$$0 = a \times 4 + \boxed{3}$$

$$-4a = \boxed{3}$$

$$a = \boxed{-\frac{3}{4}}$$

よって, 直線 ℓ の式は,

$$\boxed{y = -\frac{3}{4}x + 3}$$

答 $\boxed{y = -\dfrac{3}{4}x + 3}$

□ (18) 点 A を通る直線 m が△OAB の面積を二等分するとき, 直線 m の方程式を求めなさい。

 《直線の方程式》 ━━━━━━━━━━━━━━ ⬛⬛⬛

直線 m の式を $y = cx + d$ とおくと, 点 A を通って△OAB の面積を二等分するには, 底辺 OA は共通なので, 高さを OB の半分にすればよい。つまり, 直線 m は原点 O と B $(0, 3)$ の中点 $\left(0, \boxed{\dfrac{3}{2}}\right)$ を通ることになるので, 切片は となり,

$$d = \boxed{\dfrac{3}{2}}$$

直線 m の式は $y = cx + \boxed{\dfrac{3}{2}}$ となり，A $(4,\ 0)$ を通るので，

$$0 = c \times 4 + \boxed{\dfrac{3}{2}}$$

$$-4c = \boxed{\dfrac{3}{2}}$$

$$c = \boxed{-\dfrac{3}{8}}$$

よって，直線 m の式は，

$$\boxed{y = -\dfrac{3}{8}\,x + \dfrac{3}{2}}$$

答 $\boxed{y = -\dfrac{3}{8}\,x + \dfrac{3}{2}}$

9 　右の図は，A さんの 5 教科の試験の合計点の中で，各教科の点数がしめる割合を円グラフにしたものです。このとき，次の問いに答えなさい。

□ (19)　数学のおうぎ形の中心角の大きさを求めなさい。

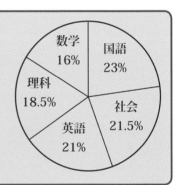

解説 解答 《円グラフと割合》 ●●●

　円グラフのおうぎ形の中心角は構成比に比例します。

　数学の構成比は 16% なので，

$$360° \times \boxed{\dfrac{16}{100}} = \boxed{57.6°}$$

答 $\boxed{57.6°}$

□（20）　Aさんの5教科の合計点は400点でした。理科の点数は何点ですか。

 《円グラフと割合》 ────────────

　理科の構成比は18.5％なので，400点の18.5％が理科の得点となります。よって，

$$400 \times \boxed{\frac{18.5}{100}} = \boxed{74}$$

 　$\boxed{74}$点

 割合

　割合と比べられる量，もとにする量の間には次の関係があります。

割合＝比べられる量÷もとにする量

比べられる量＝もとにする量×割合

もとにする量＝比べられる量÷割合

円グラフや帯グラフは，全体に対する部分の割合をみたり，部分どうしの割合を比べたりするときに便利です。

第5回 1次 計算技能

1 次の計算をしなさい。

□ (1) $\dfrac{4}{5} \times 3\dfrac{1}{6}$

 《分数の乗法》 ────────────────────────── 🔲🔲🔲🔲

$\dfrac{4}{5} \times 3\dfrac{1}{6}$　帯分数を仮分数になおします。

$= \dfrac{4}{5} \times \dfrac{19}{6}$

$= \dfrac{4 \times \overset{\boxed{2}}{19}}{5 \times \underset{\boxed{3}}{6}}$　…約分します。

$= \dfrac{38}{15}$　$\left(2\dfrac{8}{15}\right)$ …… 答

> 仮分数と帯分数のどちらで答えても正解です。

 分数のかけ算

分数に分数をかける計算では, 分母どうし, 分子どうしをかけます。

$$\dfrac{b}{a} \times \dfrac{d}{c} = \dfrac{b \times d}{a \times c}$$

□ (2) $\dfrac{7}{6} \div 5\dfrac{1}{3}$

 《分数の除法》 ────────────────────────── 🔲🔲🔲🔲

$\dfrac{7}{6} \div 5\dfrac{1}{3}$　帯分数を仮分数になおします。

$= \dfrac{7}{6} \div \dfrac{\boxed{16}}{3}$

$$= \frac{7}{6} \times \boxed{\dfrac{3}{16}}$$ …わる数の逆数をかける乗法になおします。

約分します。

$$= \frac{7 \times 3}{\underset{\boxed{2}}{6} \times 16} = \boxed{\dfrac{7}{32}} \cdots\cdots \text{答}$$

（上の 6 の右肩に $\boxed{1}$）

 分数のわり算

分数を分数でわる計算では，わる数の逆数をかけます。

$$\frac{b}{a} \div \frac{d}{c} = \frac{b}{a} \times \frac{c}{d}$$

1次

第5回　解説・解答

☐ （3）　$0.3 \times \dfrac{1}{2} \div \dfrac{3}{2}$

《小数や分数をふくむ計算》 ――――――――――――――

$$0.3 \times \frac{1}{2} \div \frac{3}{2}$$

小数を分数になおします。

$$= \boxed{\frac{3}{10}} \times \frac{1}{2} \div \frac{3}{2}$$

わる数の逆数をかける乗法だけの式に
なおします。

$$= \frac{3}{10} \times \frac{1}{2} \times \boxed{\frac{2}{3}}$$

分数のわり算は，わる数
の逆数をかけるかけ算に
して計算します。

$$= \frac{3 \times 1 \times \overset{\boxed{1}}{2}}{10 \times \underset{\boxed{1}}{2} \times \underset{\boxed{1}}{3}}$$ …約分します。

$$= \boxed{\frac{1}{10}} \cdots\cdots \text{答}$$

 分数のかけ算とわり算のまじった計算

分数のかけ算とわり算のまじった計算では，逆数を
使って，かけ算だけの式になおして計算します。

$$\frac{b}{a} \times \frac{d}{c} \div \frac{f}{e} = \frac{b}{a} \times \frac{d}{c} \times \frac{e}{f}$$

問題◀ p.56　191

□ (4) $\dfrac{5}{4} \times \dfrac{7}{15} + \dfrac{9}{2} \div \dfrac{15}{8}$

解説解答 《分数の四則計算》

$$\dfrac{5}{4} \times \dfrac{7}{15} + \dfrac{9}{2} \div \dfrac{15}{8}$$

）除法を乗法になおします。

$$= \dfrac{5}{4} \times \dfrac{7}{15} + \dfrac{9}{2} \times \dfrac{8}{15}$$

$$= \dfrac{5}{\underset{3}{4}} \times \dfrac{\overset{1}{7}}{15} + \dfrac{\overset{3}{9}}{\underset{1}{2}} \times \dfrac{\overset{4}{8}}{\underset{5}{15}}$$ …それぞれ約分します。

$$= \dfrac{7}{12} + \dfrac{12}{5}$$

$$= \dfrac{35}{60} + \dfrac{144}{60}$$

$$= \dfrac{179}{60} \quad \left(2\dfrac{59}{60} \right) \cdots\cdots 答$$

> 仮分数を帯分数になおすと…
> $$= \dfrac{7}{12} + 2\dfrac{2}{5}$$
> $$= \dfrac{35}{60} + 2\dfrac{24}{60} = 2\dfrac{59}{60}$$

□ (5) $5 \div 0.9 - 2 \div \dfrac{3}{8}$

解説解答 《小数や分数をふくむ四則計算》

$$5 \div 0.9 - 2 \div \dfrac{3}{8}$$

）小数を分数になおします。

$$= 5 \div \dfrac{9}{10} - 2 \div \dfrac{3}{8}$$

）除法を乗法になおします。

$$= 5 \times \dfrac{10}{9} - 2 \times \dfrac{8}{3}$$

$$= \dfrac{50}{9} - \dfrac{16}{3}$$

）通分します。

$$= \dfrac{50}{9} - \dfrac{48}{9}$$

$$= \dfrac{2}{9} \cdots\cdots 答$$

四則のまじった計算

　　加減乗除のまじった計算では，乗法・除法→加法・減法の順に計算します。

小数や分数をふくむ計算

　　小数や分数をふくむ計算では，小数を分数になおして計算します（ただし，分数を小数になおして計算したほうが簡単な場合もあります）。

□ (6)　$-5-(+8)-(-35)$

 《正負の数の加減》 ――――――――――――――――

$$-5-(+8)-(-35)$$
$$=-5-\boxed{8}+\boxed{35}$$
項を並べた式になおします。
$$=\boxed{22}\quad\cdots\cdots\text{答}$$

正負の数の加法・減法

　　正負の数の加法・減法では，かっこをはずして項を並べた形にして計算します。

例　$-9+(-7)-(-6)$
　　$=\underline{-9-7+6}=-10$
　　　　項を並べた式

問題◀ p.56　193

□ (7) $\{-3-(-5)\times 2\}^2 \div \dfrac{3}{5}$

 《累乗をふくむ正負の数の加法・減法》 ─────── ⬛⬛⬜⬜

$$\{-3-(-5)\times 2\}^2 \div \dfrac{3}{5}$$

$$= \{-3-(\boxed{-10})\}^2 \div \dfrac{3}{5} \quad \cdots \{ \ \}\text{の中から計算します。}$$

$$= (-3+\boxed{10})^2 \div \dfrac{3}{5}$$

$$= \boxed{7^2} \div \dfrac{3}{5}$$

累乗を計算します。また，除法を乗法になおします。

$$= \boxed{49} \times \boxed{\dfrac{5}{3}}$$

$$= \boxed{\dfrac{245}{3}} \quad \left(\boxed{81\dfrac{2}{3}}\right) \cdots\cdots \text{答}$$

> **累乗をふくむ計算**
> 累乗をふくむ計算では，**累乗→乗除→加減**の順に計算します。
>
> **例** $(-2)^2 \times (-4^2) \times \dfrac{1}{2} = \underline{4} \times \underline{(-16)} \times \dfrac{1}{2} = -32$

□ (8) $-9x+15+4x-17$

 《1次式の加法・減法》 ───────── ⬛⬛⬛⬜

$$-9x+15+4x-17$$

$$= -9x+\boxed{4x}+\boxed{15}-17$$

文字が同じ項どうし，数の項どうしをまとめます。

$$= \boxed{-5x-2} \cdots\cdots \text{答}$$

> **1次式の加法・減法**
> 文字が同じ項どうし，数の項どうしを集めて，それぞれまとめます。

□（9）　$(-8x + 3) - 4(5x + 4)$

《かっこがある1次式の加法・減法》

$(-8x + 3) - 4(5x + 4)$

$= -8x + 3 - \boxed{20x} - \boxed{16}$

$= -8x - \boxed{20x} + 3 - \boxed{16}$

$= \boxed{-28x - 13}$ …… **答**

）分配法則でかっこをはずします。

）文字が同じ項どうし，数の項どうしをまとめます。

□（10）　$5(2a - 3) - \dfrac{4}{5}(10a - 15)$

《かっこがある1次式の加法・減法》

$5(2a - 3) - \dfrac{4}{5}(10a - 15)$

$= \boxed{10a} - 15 - \boxed{8a} + \boxed{12}$

$= 10a - \boxed{8a} - 15 + \boxed{12}$

$= \boxed{2a - 3}$ …… **答**

）分配法則でかっこをはずします。

）文字が同じ項どうし，数の項どうしをまとめます。

　かっこがある1次式の加法・減法

　　分配法則でかっこをはずし，文字が同じ項どうし，数の項どうしを集めて，それぞれまとめます。

2　次の問いに答えなさい。

□（11）　2.5時間は何分ですか。

《時間の単位》

　　1時間 = $\boxed{60}$ 分ですから，2.5時間は，

　　　$\boxed{60} \times 2.5 = \boxed{150}$（分）

 $\boxed{150}$ 分

(12)　7 割 4 分 2 厘は何 % ですか。

解説・解答　《歩合の単位》 ────────────────────

1 割は 10%, 1 分は 1%, 1 厘は $\boxed{0.1}$ % ですから,

7 割 4 分 2 厘 ＝ $\boxed{74.2}$ %

答　$\boxed{74.2}$ %

重要　**歩合の単位**

割合	歩合	百分率
1	10 割	100%
0.1	1 割	10%
0.01	1 分	1%
0.001	1 厘	0.1%

 (13)　30a は何 km² ですか。

解説・解答　《面積の単位》 ────────────────────

1a ＝ $\boxed{0.0001}$ km² ですから,

30a ＝ $\boxed{0.003}$ km²

答　$\boxed{0.003}$ km²

1 辺が 10m の正方形の面積が 1a ですね。

ワンポイント・アドバイス

下のような表をつくって考えると便利です。

	km²		ha		a		m²
	0	0	0	3	0		

1a ＝ 10m × 10m

　　＝ 0.01km × 0.01km ＝ 0.0001km²

3 次の比をもっとも簡単な整数の比にしなさい。

□ (14) 45 : 81

 《比を簡単にする》──────────────────

45 : 81

= (45 ÷ 9) : (81 ÷ 9) ……45と81の最大公約数9でわります。

= 5 : 9   答 5 : 9

□ (15) 0.7 : 0.84

 《比を簡単にする》──────────────────

0.7 : 0.84

= (0.7 × 100) : (0.84 × 100) ⎫
                              ⎬ 100倍して整数の比で表します。
= 70 : 84

= (70 ÷ 14) : (84 ÷ 14) ……70と84の最大公約数でわります。

= 5 : 6   答 5 : 6

📝 **比の性質**
重要
　$a : b$ の a, b に同じ数をかけたり，a, b を同じ数でわったりしてできる比は，すべて **等しい比** になります。

例 $2 : 3 = (2 × 5) : (3 × 5) = 10 : 15$

比を簡単にする
　比を，それと等しい比で，できるだけ小さい整数の比で表すことを，**比を簡単にする**といいます。

比の値
　$a : b$ で表された比で，$a ÷ b$ の値を**比の値**といいます。

1次

第5回　解説・解答

$x = -5$, $y = 3$ のとき，次の式の値を求めなさい。

□ (16)　$4x - x^2y$

 《式の値》 ──────────────────────────

$4x - x^2y$ に，$x = -5$，$y = 3$ を代入すると，

$4x - x^2y = 4 \times (\boxed{-5}) - (\boxed{-5})^2 \times \boxed{3}$

$\qquad\qquad = \boxed{-20} - \boxed{75}$

$\qquad\qquad = \boxed{-95}$

ポイント
負の数はかっこを
つけて代入します。

答 $\boxed{-95}$

□ (17)　$\dfrac{2x + 3y}{5}$

 《式の値》 ──────────────────────────

$\dfrac{2x + 3y}{5}$ に，$x = -5$，$y = 3$ を代入すると，

$$\dfrac{2x + 3y}{5} = \dfrac{2 \times (\boxed{-5}) + 3 \times \boxed{3}}{5}$$

$$= \boxed{-\dfrac{1}{5}}$$

答 $\boxed{-\dfrac{1}{5}}$

 式の値

　文字式に数値を代入して計算した結果を**式の値**といいます。

例　$x = 2$，$y = -3$ のときの $3x - xy^2$ の式の値

　$3x - xy^2 = 3 \times 2 - 2 \times (-3)^2 = -12$

5 次の方程式を解きなさい。

□ (18) $x + 3 = 3x - 1$

 《1次方程式》

$$x + 3 = 3x - 1$$

$\boxed{3}$, $\boxed{3x}$ を移項すると,

$$x \boxed{- 3x} = - 1 \boxed{- 3}$$
$$\boxed{- 2x} = \boxed{- 4}$$
$$x = \boxed{2}$$

答 $x = \boxed{2}$

□ (19) $0.3x - 1 = 1.2x + 0.8$

 《1次方程式》

$$0.3x - 1 = 1.2x + 0.8$$

両辺を10倍すると,

$$\boxed{3x} - 10 = \boxed{12x} + 8$$

$- 10$, $\boxed{12x}$ を移項すると,

$$\boxed{3x} - \boxed{12x} = 8 + 10$$
$$\boxed{- 9x} = \boxed{18}$$
$$x = \boxed{- 2}$$

答 $x = \boxed{- 2}$

> x の係数を整数にするために, 両辺を10倍します。

重要 **1次方程式の解き方**

① 係数に小数や分数があるときは, 両辺に適当な数をかけて, 係数を整数にします。かっこがあればはずします。

② 移項して, 文字の項どうし, 数の項どうしを集めます。

③ 両辺を整理して $ax = b$ の形にします。

④ 両辺を x の係数 a でわります。

問題 ◀ p.57

□ (20) $\dfrac{x+3}{3} - \dfrac{7-x}{4} = 1$

 《1次方程式》 ────────────────

$$\dfrac{x+3}{3} - \dfrac{7-x}{4} = 1$$

両辺を $\boxed{12}$ 倍すると，

$$\boxed{4}(x+3) - \boxed{3}(7-x) = \boxed{12}$$

$$\boxed{4x} + 12 - \boxed{21} + 3x = \boxed{12}$$

$$\boxed{7x} - \boxed{9} = \boxed{12}$$

-9 を移項すると，

$$\boxed{7x} = \boxed{12} + 9$$

$$\boxed{7x} = 21$$

$$x = \boxed{3}$$

x の係数を整数にするために，両辺を12倍しています。

答　$x = \boxed{3}$

---

6 次の計算をしなさい。

□ (21) $-3(2x - y) + 2(2x + 3y)$

 《文字式の計算》 ────────────────

$-3(2x - y) + 2(2x + 3y)$

$= \boxed{-6x} + 3y + \boxed{4x} + \boxed{6y}$ ⎫ 分配法則で，かっこをはずします。

$= \boxed{-6x} + \boxed{4x} + 3y + \boxed{6y}$ ⎫ 同類項をまとめます。

$= \boxed{-2x + 9y}$ ……答

多項式と数の乗法

　多項式と数の乗法は，次のように分配法則を使って計算することができます。

例　$3(2a + b) = 3 \times 2a + 3 \times b = 6a + 3b$

□ (22)　$\dfrac{5x - y}{2} + \dfrac{x + 4y}{3}$

《文字式の計算》

$$\dfrac{5x - y}{2} + \dfrac{x + 4y}{3}$$

通分します。

$$= \dfrac{\boxed{3}(5x - y) + \boxed{2}(x + 4y)}{6}$$

かっこをはずし，同類項をまとめます。

$$= \dfrac{\boxed{15x - 3y + 2x + 8y}}{6}$$

$$= \dfrac{\boxed{17x + 5y}}{6} \quad \cdots\cdots 答$$

分数をふくむ式の計算

　分数をふくむ式の計算は，通分する→1つの分数にまとめる→分子のかっこをはずす→同類項をまとめるという手順で計算することができます。

7 次の連立方程式を解きなさい。

□ (23) $\begin{cases} 7x + 4y = 15 \\ 5x + 8y = 48 \end{cases}$

解説・解答 《連立方程式》 ━━━━━━━━━━━━━━━━━━━━━ ■■◻

$$\begin{cases} 7x + 4y = 15 & \cdots\cdots① \\ 5x + 8y = 48 & \cdots\cdots② \end{cases}$$

$$\begin{array}{r} ①\times 2 \quad\quad 14x + 8y = \quad 30 \\ ② \quad\quad -)\quad 5x + 8y = \quad 48 \\ \hline \boxed{9x} \quad\quad\quad = \boxed{-\ 18} \\ x \quad\quad\quad = \boxed{-\ 2} \end{array}$$

$x = -2$ を①に代入すると、

$$7 \times (\boxed{-2}) + 4y = 15$$
$$\boxed{-14} + 4y = 15$$
$$4y = \boxed{29}$$
$$y = \boxed{\dfrac{29}{4}}$$

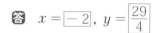
ポイント
加減法で、y を消去します。
消去する y の係数は同符号
ですから、ひきます。

答 $x = \boxed{-2}$, $y = \boxed{\dfrac{29}{4}}$

重要 **連立方程式の解き方　加減法**
　連立方程式の左辺どうし, 右辺どうしを加えたりひ
いたりして, 一方の文字を消去して解く方法。

(24)
$$\begin{cases} 0.4x - 2.5y = 0.9 \\ x - \dfrac{y-7}{4} = -2 \end{cases}$$

 《連立方程式》————————————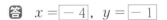

$$\begin{cases} 0.4x - 2.5y = 0.9 & \cdots\cdots① \\ x - \dfrac{y-7}{4} = -2 & \cdots\cdots② \end{cases}$$

①の両辺に 10 をかけると，

$$4x - \boxed{25y} = \boxed{9} \quad \cdots\cdots①'$$

②の両辺に 4 をかけると，

$$4x - (y - 7) = \boxed{-8}$$
$$4x - y = \boxed{-15} \quad \cdots\cdots②'$$

$$\begin{array}{rl} ①' & 4x - 25y = 9 \\ ②' & \underline{-)\ 4x - y = -15} \\ & \boxed{-24y} = \boxed{24} \\ & y = \boxed{-1} \end{array}$$

$y = \boxed{-1}$ を②'に代入すると，

$$4x - (\boxed{-1}) = -15$$
$$4x + \boxed{1} = -15$$
$$4x = \boxed{-16}$$
$$x = \boxed{-4}$$

答 $x = \boxed{-4}$，$y = \boxed{-1}$

 係数に分数や小数がある連立方程式の解き方

　両辺に適当な数をかけて，係数をすべて整数にして
から解きます。

例 $0.5x - 2.1y = 4.9$

$\to (0.5x - 2.1y) \times 10 = 4.9 \times 10$

$\to 5x - 21y = 49$

次の計算をしなさい。

□ (25)　$5xy^2 \times (-17x^2y^3)$

解説・解答　《文字式の計算》―――――――――――――――――――

$$5xy^2 \times (-17x^2y^3)$$
$$= \boxed{5} \times (\boxed{-17}) \times x \times x^2 \times y^2 \times y^3$$
$$= \boxed{-85x^3y^5} \cdots\cdots \text{答}$$

┌─ **ワンポイント・アドバイス** ──────────
│　　$5 \times (-17) \times x \times xx \times yy \times yyy$
│　$= -85x^{1+2}y^{2+3}$
│　$= -85x^3y^5$
└──────────────────────────

□ (26)　$14xy^2 \div (-7y) \times x^4y^3$

解説・解答　《文字式の計算》―――――――――――――――――――

$$14xy^2 \div (-7y) \times x^4y^3$$

$$= -\frac{\overset{2}{\cancel{14}}xy^{\cancel{2}} \times x^4y^3}{\underset{1}{\cancel{7}y}} = \boxed{-2x^5y^4} \cdots\cdots \text{答}$$

分数の形の式に
なおしてから,
約分します。

累乗

重要　$m,\ n$ を正の整数とするとき,

① $a^m a^n = a^{m+n}$

② $(a^m)^n = a^{mn}$

③ $(ab)^n = a^n b^n$

例　$a^2 a^3 = aa \times aaa = a^5$

$(a^2)^3 = aa \times aa \times aa - a^{2 \times 3} - a^6$

$(ab)^3 = ab \times ab \times ab = aaa \times bbb = a^3 b^3$

1次

第5回　解説・解答

9　次の問いに答えなさい。

□（27）　等式 $3x - 5y = 2$ を x について解きなさい。

解説
解答　《文字式の計算》———————————

$$3x - 5y = 2$$

$-5y$ を移項すると,

$$3x = \boxed{2 + 5y}$$

両辺を 3 でわると,

$$x = \boxed{\frac{5y + 2}{3}} \cdots\cdots \text{答}$$

等式の変形

重要　次のように,等式①を変形して,x の値を求める等式②にすることを,等式①を x について解くといいます。

例　①　$4y = 5 + 3x$　→　②　$x = \dfrac{4y - 5}{3}$

（28） 傾きが2で，点（5，－1）を通る直線の式を求めなさい。

解説・解答 《直線の式》————————————————●●◐

求める直線の式を $y = ax + b$ とすると，$a = 2$ ですから，

$$y = 2x + b$$

点（5，－1）を通るから，

$$\boxed{-1} = 2 \times \boxed{5} + b$$

したがって，　　　$b = \boxed{-11}$

ポイント
直線の式は $y = ax + b$ と表すことができます。

答 $\boxed{y = 2x - 11}$

 重要 1次関数の式 $y = ax + b$ の求め方

① y 軸上の切片と傾きから式を求める。
　（a，b が与えられた場合）

② 直線が通る1点の座標と傾きから式を求める。
　（a と x，y の値の組が与えられた場合）

③ 直線が通る2点の座標から式を求める。
　（2つの x，y の値の組が与えられた場合）

 （29）　正 n 角形を，1つの頂点からひいた対角線によってできる三角形に分割したら，三角形が5つできました。n の値を求めなさい。

解説・解答 《多角形と角》————————————————●●◐

右の図のような正 $\boxed{七}$ 角形 になります。

答　$n = \boxed{7}$（$\boxed{七}$）

ポイント
n の値は，（三角形の数）＋2 になります。

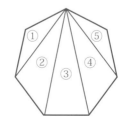

参考

n角形の内角の和

　n角形は，1つの頂点からひいた対角線によって，$(n-2)$個の三角形に分けられます。また，三角形の内角の和は$180°$です。ですから，n角形の内角の和は，$180°\times(n-2)$で求められます。

□（30）　右の図において，$\ell \parallel m$のとき，$\angle x$の大きさを求めなさい。

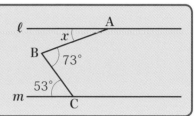

解説解答《平行線と角》

　右の図のように，点Bを通り，直線ℓ，mに平行な直線をひきます。錯角が等しいことから，

$$\angle x = 73°-\boxed{53°}$$
$$= \boxed{20°} \cdots \cdots 答$$

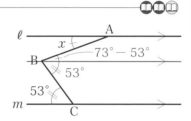

参考

　次の図の$\angle x$の大きさも，同様に点B，Cを通る直線ℓに平行な直線をひいて，①～⑤の順に求めることができます（$\ell \parallel m$）。

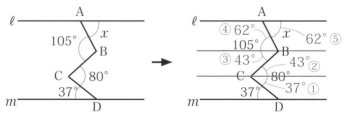

問題◀ p.58

第5回 2次 数理技能

---

1 右の図のような長方形 ABCD を直線 ℓ を軸として 1 回転させてできる立体について，次の問いに答えなさい。

□ (1) この立体を，回転の軸をふくむ平面で切ると，切り口はどんな図形になりますか。

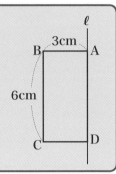

 《回転体》 ━━━━━━━━━━━━━━━━━━━━━━ ◑◐◐◐

　長方形 ABCD を直線 ℓ を軸として 1 回転させてできる立体は下の左の図のような円柱になります。この立体を回転の軸 ℓ をふくむ平面で切ると，下の右の図のような 1 辺の長さが 6 cm の 正方形 になります。

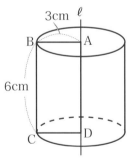 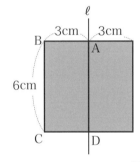

答 （1 辺の長さが 6cm の）正方形

 回転体

　平面図形を直線 ℓ のまわりで 1 回転させてできる立体を回転体といい，直線 ℓ を回転の軸といいます。

□ (2) この立体の体積を単位をつけて答えなさい。ただし，円周率をπとします。

 《立体の体積》 ———————————————————

立体は円柱ですから，

$$\pi \times \boxed{3^2} \times \boxed{6} = \boxed{54\pi} \ (\text{cm}^3)$$

答 $\boxed{54\pi \ \text{cm}^3}$

 円柱の体積

円柱の体積＝底面積×高さ

底面の円の半径を r とすると，**底面積$= \pi r^2$**

2 25本の重さが75gのくぎがあります。このとき，次の問いに答えなさい。

□ (3) くぎの本数を x 本，重さを yg とするとき，y を x を用いた式で表しなさい。

 《比例》 ———————————————————

くぎの重さ yg は，本数 x 本に比例します。

求める式を $y = ax$ とおくと，

$x = 25$ のとき $y = 75$ ですから，

$$\boxed{75} = a \times \boxed{25}$$
$$a = \boxed{3}$$

したがって，求める式は，$y = \boxed{3x}$

答 $y = \boxed{3x}$

(4) このくぎと同じ種類のくぎが何本で 450g になりますか。

《比例》

(3) で求めた式に $y = 450$ を代入します。

$$\boxed{450} = 3x$$

したがって、 $\qquad x = \boxed{150}$

答 $\boxed{150}$ 本

 比例の応用

　ともなって変わる 2 つの量 x, y において、y が x に比例するとき、$y = ax$（a は比例定数）と表すことができます。

3 　P 地点から Q 地点まで 200km の距離があります。A さんは、P 地点を自動車で出発し、時速 40km の一定の速さで Q 地点に向かいました。A さんが P 地点を出発してから x 時間後の、Q 地点までの残りの距離を $y$km とするとき、次の問いに答えなさい。

(5) 　x の変域を求めなさい。

 《1 次関数》

　A さんが、P 地点を出発して Q 地点に着くのは、

$200 \div 40 = 5$ より、5 時間後ですから、

$$\boxed{0 \leqq x \leqq 5}$$

答 $\boxed{0 \leqq x \leqq 5}$

(6) y を x の式で表しなさい。

 《1次関数》

A さんが，P 地点を出発して x 時間で進む距離は，

$40 \times x = 40x$ km，Q 地点までの残りの距離は y km ですから，

$$40x + y = \boxed{200}$$
$$y = \boxed{-40x + 200}$$

答 $y = \boxed{-40x + 200}$

変域

変数のとりうる値の範囲を，その変数の**変域**といいます。

1 次関数

y が x の関数で，次の式のように y が x の 1 次式で表されるとき，y は x の 1 次関数であるといいます。

$$y = ax + b \quad (a, \ b \text{は定数})$$

---

4 大小 2 個のさいころを投げるとき，次の問いに答えなさい。

 (7) 出る目の数の和が 7 以下である確率を求めなさい。

《確率》

右のような表をつくって調べます。

目の出方は全部で $\boxed{36}$ 通りで，目の数の和が 7 以下になるのは，右の○印の場合で，全部で $\boxed{21}$ 通りです。

したがって，求める確率は，

$$\frac{21}{36} = \boxed{\dfrac{7}{12}}$$

答 $\boxed{\dfrac{7}{12}}$

小

	1	2	3	4	5	6
1	○	○	○	○	○	○
2	○	○	○	○	○	
3	○	○	○	○		
4	○	○	○			
5	○	○				
6	○					

大

解説・別解 出る目の数の和が 7 以下になるのは，次の 21 通りです。

目の出方を（大，小）のように表します。

$(1,1), (1,2), (1,3), (1,4), (1,5), (1,6), (2,1),$
$(2,2), (2,3), (2,4), (2,5), (3,1), (3,2), (3,3),$
$(3,4), (4,1), (4,2), (4,3), (5,1), (5,2), (6,1)$

したがって，求める確率は，$\dfrac{21}{36} = \dfrac{7}{12}$

答 $\dfrac{7}{12}$

□ **(8) 出る目の数の積が 9 の倍数である確率を求めなさい。**

解説・解答 《確率》

目の出方は全部で 36 通りで，出る目の数の積が 9 の倍数になるのは，右の○印の場合の 4 通りです。

したがって，求める確率は，

$\dfrac{4}{36} = \dfrac{1}{9}$

答 $\dfrac{1}{9}$

大＼小	1	2	3	4	5	6
1						
2						
3			○			○
4						
5						
6			○			○

解説・別解 出る目の数の積が 9 の倍数になるのは，次の 4 通りです。

$(3,3), (3,6), (6,3), (6,6)$

したがって，求める確率は，

$\dfrac{4}{36} = \dfrac{1}{9}$

答 $\dfrac{1}{9}$

確率の求め方

重要　起こりうるすべての場合は n 通りで，そのどれが起こることも同様に確からしいとします。このとき，あることがら A が起こる場合が a 通りあるとすると，A が起こる確率 p は，$p = \dfrac{a}{n}$

2 つのさいころを同時に投げたときの確率

目の出方の数は全部で 36 通りです。

例　2 つの目の数の和が 3 以下になる場合は（1, 1），（1, 2），（2, 1）の 3 通りです。したがって，2 つの目の数の和が 3 以下になる確率は，$\dfrac{3}{36} = \dfrac{1}{12}$

5　右の図において，AB = AC で，点 D, E をそれぞれ AB, AC の中点とします。このとき，次の問いに答えなさい。

（証明技能）

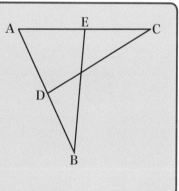

☐（9）　BE = CD を示すためには，その前に何を示すことが必要ですか。

解説解答　《合同》　

BE, CD をそれぞれふくむ △$\boxed{\text{ABE}}$ と △$\boxed{\text{ACD}}$ に着目します。この 2 つの三角形が合同であれば，合同な図形の対応する辺は等しいので，BE = CD を示すことができます。

答　$\boxed{\triangle \text{ABE} \equiv \triangle \text{ACD}}$

□ (10)　BE ＝ CD となることを証明しなさい。

 《合同》 ─────────────────────────

　　条件より，　　　　　　　　　AB ＝ AC

　　　　　　　　　　　　　　∠ A は共通

　　点 E，D はそれぞれ AC，AB の中点だから，AE ＝ $\frac{1}{2}$ AC，

　AD ＝ $\frac{1}{2}$ AB より，

　　　　　　　　　　　　　　AE ＝ AD

　　△ABE と△ACD で，2 組の辺とその間の角がそれぞれ等しい

　から，

　　　　　　　　　　　△ ABE ≡△ ACD

　　合同 な図形の対応する辺は等しいから，

　　　　　　　　　　　　BE ＝ CD

 三角形の合同条件

　2 つの三角形は，次の
いずれかが成り立つとき
合同です。

① 　3 組の辺がそれぞれ
　　等しい。

② 　2 組の辺とその間の
　　角がそれぞれ等しい。

③ 　1 組の辺とその両端の角がそれぞれ等しい。

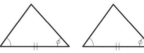

6 　Aの家から学校まで行く途中^{とちゅう}にスーパーマーケットがあります。いつもは家からスーパーマーケットまで毎分60mで歩き，スーパーマーケットから学校までは毎分40mで歩いて，合わせて30分かかります。ある日，いつもと同じ時刻に家を出て，スーパーマーケットまで毎分70mで歩いてきましたが，そこで忘れ物に気がつき，毎分116mで走って家まで帰り，そのままの速さで学校まで走っていきました。すると，いつもより2分遅く学校に着きました。このとき，次の問いに答えなさい。

□(11)　Aの家からスーパーマーケットまでの距離を x m，スーパーマーケットから学校までの距離を y m として，連立方程式をつくりなさい。

 《連立方程式》 ●●●●

　いつもの場合と，ある日の場合とについて，それぞれ式をつくります。

　いつもは，

$$\frac{x}{60} + \frac{y}{40} = 30 \qquad \cdots\cdots①$$

　ある日は，

$$\frac{x}{70} + \frac{x}{116} + \frac{x+y}{116} = 32 \qquad \cdots\cdots②$$

 $$\begin{cases} \dfrac{x}{60} + \dfrac{y}{40} = 30 \\[2mm] \dfrac{x}{70} + \dfrac{x}{116} + \dfrac{x+y}{116} = 32 \end{cases}$$

参考

　右のように表しても正解です。また，(12)の解説の①′，②′のように表しても正解です。

$$\begin{cases} \dfrac{x}{60} + \dfrac{y}{40} = 30 \\[2mm] \dfrac{x}{70} + \dfrac{2x+y}{116} = 32 \end{cases}$$

□ (12) 連立方程式を解き，x，y を求めなさい。

解説・解答　《連立方程式》

(11) の①を整理すると，

$$2x + 3y = 3600 \qquad \cdots\cdots ①'$$

(11) の②を整理すると，

$$128x + 35y = 129920 \qquad \cdots\cdots ②'$$

①'，②'を連立方程式として解きます。

$$
\begin{array}{r}
①' \times 64 \qquad 128x + 192y = 230400 \\
②' \qquad\quad -)\ 128x +\ \ 35y = 129920 \\
\hline
\boxed{157y} = \boxed{100480} \\
y = \boxed{640}
\end{array}
$$

$y = \boxed{640}$ を①'に代入すると，

$$2x + 3 \times 640 = 3600$$
$$2x = 3600 - 1920 = 1680$$
$$x = \boxed{840}$$

数値が大きく，計算が複雑になるので，計算ミスに注意しましょう。

答　$x = \boxed{840}$，$y = \boxed{640}$

 重要　**連立方程式の応用**

　連立方程式の問題では，ほとんどの場合，何を x，y にするか示されているので，それにしたがって，2つの数量関係に着目して，2つの式をつくります。

　次の式はよく使われるのでおぼえておきましょう。

道のり＝速さ×時間

　この式から，速さ，時間を求める式を導くことができます。

7 ある水そうに水がたまっています。毎分 4 リットルずつくみ出すと 60 分で空になります。このとき，次の問いに答えなさい。

□ (13) 毎分 x リットルずつくみ出すと y 分で空になるとして，y を x の式で表しなさい。 （表現技能）

 《反比例の利用》 ───────────────

水そうの水の量は，$4 \times 60 = 240$（リットル）で一定です。したがって，$xy = \boxed{240}$ で，y は x に反比例します。

答 $y = \dfrac{\boxed{240}}{x}$

2次

第5回 解説・解答

□ (14) 毎分 5 リットルずつくみ出すと何分で空になりますか。

 《反比例の利用》 ───────────────

(13) で求めた式に $x = 5$ を代入します。

$$y = \dfrac{\boxed{240}}{5} = \boxed{48}$$

答 $\boxed{48}$ 分

 反比例の利用

y が x に反比例するとき，$y = \dfrac{a}{x}$（a は比例定数），または，$xy = a$ と表されます。

次の文章が示す数量の関係を文字式で表しなさい。(表現技能)

□（15） A君，B君，C君，D君の身長がそれぞれ $a$cm，$b$cm，$c$cm，$d$cm のとき，4人の身長の平均。

解説・解答 《文字式と平均》———————————————

平均＝合計÷人数 です。合計は（$a+b+c+d$）cm ですから，4人の身長の平均は，

$$\frac{a+b+c+d}{4} \text{ (cm)}$$

答 $\dfrac{a+b+c+d}{4}$ cm

□（16） x 割引きの元値が 1500 円の商品と，y 割引きの元値が 800 円の商品を買ったときの合計の代金。

解説・解答 《文字式と割合》———————————————

x 割は $\dfrac{x}{10}$ ですから，x 割引きは $\left(1-\dfrac{x}{10}\right)$ と表せます。

したがって，元値が 1500 円の x 割引きは $1500\left(1-\dfrac{x}{10}\right)$ 円。

同様に，元値が 800 円の y 割引きは $800\left(1-\dfrac{y}{10}\right)$ 円。

よって，合計の代金は，

$$1500\left(1-\dfrac{x}{10}\right)+800\left(1-\dfrac{y}{10}\right)$$
$$= 1500-150x+800-80y$$
$$= 2300-150x-80y \text{ (円)}$$

答 $2300-150x-80y$ 円

解説・解答 《文字式と整数》—————————————

　　わられる数＝わる数×商＋余り で，わる数が 8，商が x，余り

が 4 ですから，$\boxed{8x + 4}$

答 $\boxed{8x + 4}$

ワンポイント・アドバイス

　　歩合で表した 10 割は，割合で表すと 1 ですから，x 割は $\dfrac{x}{10}$

と表すことができます。また，x 割引きは $\left(1 - \dfrac{x}{10}\right)$ と表すこ

とができます。

重要 平均

　　　　　　平均＝合計÷個数（人数）

　割合，もとにする量，比べられる量の関係

　　　　比べられる量＝もとにする量×割合

　商と余りの関係

　　　　わられる数＝わる数×商＋余り

　文字式の表し方

　　文字式を使って式を表すときは，×，÷の記号を省

　き，÷の記号のかわりに分数の形にします。

2次

第5回　解説・解答

9 　下の表は，ある年の世界の米の生産量の多い国を表にしたものです。このとき，次の問いに答えなさい。

国　名	生産量（トン）
インドネシア	6574万900
ベトナム	4233万1600
タイ	3458万8400
フィリピン	1688万4100
カンボジア	863万9000
ミャンマー	3280万
バングラデシュ	5062万7000
中華人民共和国	2億260万7270
ブラジル	1347万7000
インド	1億5570万
合　計	6億2339万5270

□（18）　中華人民共和国の生産量はフィリピンの生産量の何倍ですか。上から3けたの概数で計算し，四捨五入して，上から3けたの概数で答えなさい。

解説・解答　《統計》━━━━━━━━━━━━━━━━━━━━━ 🔲🔲🔲

　中華人民共和国とフィリピンの生産量をそれぞれ<u>上から3けたの概数</u>で表して計算します。

 ポイント

$$203000000 \div 16900000 = \boxed{12.01} \cdots\cdots（倍）$$

 ポイント
比べられる量÷もとにする量＝割合

答　$\boxed{12.0}$ 倍

┌─ **ワンポイント・アドバイス** ─
　上から3けたの概数で求めるので，答えは12倍ではなく，12.0倍とし，計算の結果が上から3けたまで（小数第1位まで）正しい値であることを示します。

□（19）　上の表の 10 か国の生産量の合計は 6 億 2339 万 5270 トンでした。この表の生産量の合計をもとにしたとき，インドの生産量の割合は何％ですか。上から 3 けたの概数で計算し，四捨五入して，上から 3 けたの概数で答えなさい。

 《統計》 ────────────────────── ●●●

10 か国の生産量の合計とインドの生産量をそれぞれ上から 3 けたの概数で表して計算します。

$$\underline{156000000} \div \boxed{623000000} \times \boxed{100} = \boxed{25.04} \cdots\cdots（\%）$$

ポイント

答　$\boxed{25.0}$ ％

比べられる量 ÷ もとにする量 × 100 ＝割合（百分率）

□（20）　上の表を円グラフに表します。カンボジアの中心角は何度になりますか。上から 2 けたの概数で計算し，四捨五入して，上から 2 けたの概数で答えなさい。

 《統計》 ────────────────────── ●●●

10 か国の生産量の合計とカンボジアの生産量をそれぞれ上から 2 けたの概数で表して計算します。

$$\boxed{8600000} \div 620000000 \times 100 = \boxed{1.38} \cdots\cdots（\%）$$

（上に 4）

1 ％は円グラフの中心角で，360 ÷ 100 ＝ 3.6 より，3.6°にあたります。

したがって，$\boxed{1.4} \times 3.6 = \boxed{5.04}$

答　$\boxed{5.0}$ 度

 割合の求め方

割合＝比べられる量 ÷ もとにする量

百分率で求める場合は，

割合（百分率）＝比べられる量 ÷ もとにする量 × 100

問題 ◀ p.64

解答一覧

くわしい解説は，「解説・解答」をごらんください。

第1回　1次

1

(1) 10　　　　　(2) $\dfrac{3}{4}$

(3) 1　　　　　(4) $\dfrac{1}{2}$

(5) 2　　　　　(6) -1

(7) -1　　　　(8) $x-3$

(9) $x+1$　　　(10) $-x+8$

2

(11) 1300 g　　(12) 3 時間 30 分

(13) 0.013 m^2

3

(14) 3 : 5　　　(15) 21 : 4

4

(16) 22　　　　(17) 112

5

(18) $x=6$　　(19) $x=\dfrac{33}{43}$

(20) $x=-\dfrac{1}{5}$

6

(21) $6a+7b$　　(22) $\dfrac{-x+5y}{12}$

7

(23) $x=5$, $y=0$

(24) $x=-3$, $y=1$

8

(25) $-12x^4y^2$　　(26) $3x^2$

9

(27) $x=\dfrac{y-2}{3}$

(28) $y=-x+3$

(29) $\angle x=132.5°$

(30) $\angle x=35°$

第1回　2次

1

(1) 71.4%　　(2) 147 ページ

2

(3) 辺 AD , 辺 EH , 辺 FG

(4) 辺 AD, 辺 AE, 辺 BC , 辺 BF

3

(5) $\begin{cases} 5x+3y=42 \\ x+2y=11.2 \end{cases}$

(6) $\begin{cases} 5x+3y=42 & \cdots\cdots ① \\ x+2y=11.2 & \cdots\cdots ② \end{cases}$

②×5　　　　$5x + 10y = 56$
①　　　　−)　$5x + 3y = 42$
　　　　　　　　　　$7y = 14$
　　　　　　　　　　$y = 2$
$y = 2$ を①に代入すると，
　　　　$5x + 3 \times 2 = 42$
　　　　$x = 7.2$
　　　答　$x = 7.2$, $y = 2$

④

(7)（オ）　　　　　(8)（ア）

⑤

(9)　$\dfrac{243}{2}$ cm²

(10)　△ADE と△CDF

(11)　2組の辺とその間の角がそれ
　　　ぞれ等しい

⑥

(12)　$y = \dfrac{1000}{x}$　　(13) 20分

⑦

(14)　$a = 3$　　(15)　$(-4 , 0)$

(16)　$y = -3x$

⑧

(17)　47 %　　(18) 3倍

⑨

(19)　$x = 47$　　(20)　$x = 63$

第2回　1次

①

(1)　$\dfrac{49}{3}$ $\left(16\dfrac{1}{3}\right)$

(2)　$\dfrac{5}{33}$　　(3)　$\dfrac{2}{39}$

(4)　$\dfrac{95}{24}$ $\left(3\dfrac{23}{24}\right)$

(5)　9　　(6) 2

(7)　$\dfrac{9}{2}$　　(8)　$-3x - 7$

(9)　$-10x - 5$

(10)　$10a + 15$

②

(11)　1000000 cm³

(12)　150 m　　(13) 6 dL

③

(14)　3 : 2　　(15) 8 : 7

④

(16)　$\dfrac{71}{5}$ $\left(14\dfrac{1}{5}\right)$

(17)　-174

⑤

(18)　$x = 4$　　(19)　$x = \dfrac{8}{5}$

(20)　$x = \dfrac{29}{8}$

⑥

(21)　$x + 7y$　　(22)　$\dfrac{33x - 9y}{10}$

⑦

(23)　$x = -1$, $y = 3$

(24)　$x = 5$, $y = -2$

⑧

(25)　$-20x^4y^4$　　(26)　$-\dfrac{1}{3}x^3y$

(27) $x = \dfrac{y+5}{3}$

(28) $y = 3x + 5$

(29) $\angle x = 61°$

(30) $\angle x = 36°$

第2回　2次

①

(1) 475 g　　　(2) 250 g

②

(3) 二等辺三角形

(4) 4π cm³

③

(5) ア　9　イ　5　(6) $y = 3x$

④

(7) $\dfrac{1}{2}$ cm

(8) $a = -\dfrac{1}{2}$, $b = \dfrac{57}{2}$

(9) 57 分後

⑤

(10) △ABE と △CDF

(11) △ABE と△CDF において,

平行四辺形の対辺は等しいから,

AB ＝ CD

平行四辺形の対角は等しいから,

∠ABE ＝∠CDF

同様に, ∠BAD ＝∠DCB で,

∠BAE ＝ $\dfrac{1}{2}$∠BAD

∠DCF ＝ $\dfrac{1}{2}$∠DCB

であるから, ∠BAE ＝∠DCF

したがって, 1組の辺とその両端
の角がそれぞれ等しいから,

△ABE ≡△CDF

⑥

(12) $\begin{cases} 4x + y = 350 \\ x + y = 125 \end{cases}$

(13) $\begin{cases} 4x + y = 350 & \cdots\cdots① \\ x + y = 125 & \cdots\cdots② \end{cases}$

$\begin{array}{r} ①\quad\quad 4x + y = 350 \\ ②\quad -)\underline{\quad x + y = 125} \\ 3x \quad\quad = 225 \\ x \quad\quad = 75 \end{array}$

$x = 75$ を②に代入すると,

$75 + y = 125$

$y = 50$

答　$x = 75$, $y = 50$

⑦

(14) $0 \leqq y \leqq 75$

(15) $y = -15x + 75$

⑧

(16) $\dfrac{3}{4}$　　(17) $\dfrac{5}{9}$　　(18) $\dfrac{1}{2}$

⑨

(19) $4x + 3y$ 円

(20) $1500 - (2x + 6y)$ 円

第3回　1次

1

(1) $\dfrac{27}{5}$ $\left(5\dfrac{2}{5}\right)$　(2) $\dfrac{1}{32}$

(3) $\dfrac{4}{19}$　　　　(4) $\dfrac{95}{12}$ $\left(7\dfrac{11}{12}\right)$

(5) $-\dfrac{8}{5}$ $\left(-1\dfrac{3}{5}\right)$

(6) -4　　　　(7) -96

(8) $8x-5$　　(9) $-25x-2$

(10) $\dfrac{19}{2}a-\dfrac{81}{2}$ $\left(\dfrac{19a-81}{2}\right)$

2

(11) 1500 秒　(12) 83.9 %

(13) 280000 m²

3

(14) $3:2$　　(15) $9:8$

4

(16) $\dfrac{7}{3}$ $\left(2\dfrac{1}{3}\right)$　(17) 32

5

(18) $x=7$　　(19) $x=1$

(20) $x=\dfrac{9}{5}$

6

(21) $-x+44y$　(22) $\dfrac{33x-8y}{20}$

7

(23) $x=\dfrac{9}{2}$, $y=-\dfrac{5}{2}$

(24) $x=14$, $y=5$

8

(25) $-4y^3$　　(26) $3xy^2$

9

(27) $y=\dfrac{4x+7}{5}$ $\left(y=\dfrac{4}{5}x+\dfrac{7}{5}\right)$

(28) $y=2x-5$

(29) $140°$

(30) $\angle x=65°$

第3回　2次

1

(1) $2-x$ km

(2) A 君の家から B さんの家までは

1.2 km

B さんの家から学校までは

0.8 km

2

(3) 点 F　　　(4) 7 本

3

(5) 50 人　(6) $x=9$, $y=18$

4

(7) △ADE と△BDC

(8) △ADE と△BDC において,

仮定から,

AD = BD, AE = BC

∠CAD =∠CBD

2 辺とその間の角がそれぞれ等し

いから,

△ADE ≡△BDC

合同な三角形の対応する角は等しいから，$\angle$ ADE $= \angle$ BDC すなわち，BD は$\angle$ ADC の二等分線である。

5

(9) 12 cm　　　　(10) 48 cm^2

6

(11) 6　　　　(12) $\left(\dfrac{4}{3}\, ,\ \dfrac{8}{3}\right)$

(13) 4

7

(14) 8 通り　　　(15) $\dfrac{1}{8}$

(16) $\dfrac{3}{8}$

8

(17) アメリカ　　(18) 0.26

9

(19) $y = \dfrac{1}{2}\,x$

(20) $y = 5x - 15$

第4回　1次

1

(1) $\dfrac{51}{7}\ \left(7\dfrac{2}{7}\right)$　　(2) $\dfrac{24}{5}\ \left(4\dfrac{4}{5}\right)$

(3) $\dfrac{207}{175}\ \left(1\dfrac{32}{175}\right)$　(4) $\dfrac{9}{4}\ \left(2\dfrac{1}{4}\right)$

(5) $-\dfrac{3}{2}\ \left(-1\dfrac{1}{2}\right)$ (6) 4

(7) $-\dfrac{9}{16}$　　　(8) $12x - 1$

(9) $19x + 4$　　(10) $-x + 13$

2

(11) 0.45 L　　(12) 640 g

(13) 90 km

3

(14) 3：2　　(15) 1：20

4

(16) 1　　　(17) 16

5

(18) $x = 12$　(19) $x = -30$

(20) $x = \dfrac{32}{7}$

6

(21) $23x - 31y$

(22) $\dfrac{13x + 37y}{24}$

7

(23) $x = 1$, $y = -1$

(24) $x = 5$, $y = -5$

8

(25) $112x^3y^5$

(26) $-\dfrac{2}{3}\,x^2y^3$

9

(27) $y = \dfrac{3x - 5}{4}$

(28) $y = 2x - 1$

(29) $\angle x = 50°$

(30) $\angle x = 15°$

1

(1) $5x + 2$ 本　　(2) 27 本

2

(3) $\begin{cases} y = 4x \\ y + 4 = 3(x + 4) \end{cases}$

(4) $y = 4x$　　　　　……①

$y + 4 = 3(x + 4)$　……②

①を②に代入すると，

$4x + 4 = 3(x + 4)$

$4x + 4 = 3x + 12$

4，$3x$ を移項すると，

$4x - 3x = 12 - 4$

$x = 8$

$x = 8$ を①に代入すると，

$y = 4 \times 8 = 32$

答 $x = 8$，$y = 32$

3

(5) $\dfrac{1}{4}$　　　　(6) $\dfrac{15}{16}$

4

(7) $\dfrac{a + 2b}{3}$ %

(8) $\dfrac{3}{2} xy$ cm^2

5

(9) $\triangle$ ACE

(10) $\triangle$ ABC は AB = AC の二等辺

三角形なので，底角は等しいから，

$\angle$ ABC = $\angle$ ACB　　……①

線分 BD，CE は，それぞれ$\angle$ ABC，

$\angle$ ACB の二等分線なので，

$\angle$ ABD = $\angle$ ABC $\times \dfrac{1}{2}$ …②

$\angle$ ACE = $\angle$ ACB $\times \dfrac{1}{2}$ …③

よって，①，②，③より，

$\angle$ ABD = $\angle$ ACE　　……④

したがって，$\triangle$ ABD と$\triangle$ ACE

において，$\angle$ A は共通

仮定から AB = AC

④から$\angle$ ABD = $\angle$ ACE

ゆえに，1 組の辺とその両端の角

がそれぞれ等しいので，

$\triangle$ ABD $\equiv \triangle$ ACE

(11)　③

6

(12) $0 \leqq x \leqq 12$

(13) $y = 30x$

(14)

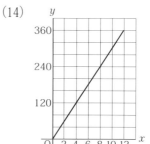

7

7

(15) 271 万台

(16) 1.7 倍

8

(17) $y = -\dfrac{3}{4}x + 3$

(18) $y = -\dfrac{3}{8}x + \dfrac{3}{2}$

9

(19) 57.6°

(20) 74 点

第 5 回　1 次

1

(1) $\dfrac{38}{15}\left(2\dfrac{8}{15}\right)$

(2) $\dfrac{7}{32}$　　(3) $\dfrac{1}{10}$

(4) $\dfrac{179}{60}\left(2\dfrac{59}{60}\right)$

(5) $\dfrac{2}{9}$　　(6) 22

(7) $\dfrac{245}{3}\left(81\dfrac{2}{3}\right)$

(8) $-5x - 2$

(9) $-28x - 13$

(10) $2a - 3$

2

(11) 150 分　　(12) 74.2 %

(13) 0.003 km²

3

(14) 5 : 9　　(15) 5 : 6

4

(16) -95　　(17) $-\dfrac{1}{5}$

5

(18) $x = 2$　　(19) $x = -2$

(20) $x = 3$

6

(21) $-2x + 9y$

(22) $\dfrac{17x + 5y}{6}$

7

(23) $x = -2$, $y = \dfrac{29}{4}$

(24) $x = -4$, $y = -1$

8

(25) $-85x^3y^5$

(26) $-2x^5y^4$

9

(27) $x = \dfrac{5y + 2}{3}$

(28) $y = 2x - 11$

(29) $n = 7$ （七）

(30) $\angle x = 20°$

1

(1) （1辺の長さが6cmの）正方形

(2) 54π cm^3

2

(3) $y = 3x$ 　　(4) 150本

3

(5) $0 \leqq x \leqq 5$

(6) $y = -40x + 200$

4

(7) $\dfrac{7}{12}$ 　　　　(8) $\dfrac{1}{9}$

5

(9) $\triangle$ABE $\equiv \triangle$ACD

(10) 条件より，

　　　AB = AC，∠A は共通

　点 E，D はそれぞれ AC，AB の

　中点だから，

　　AE = $\dfrac{1}{2}$ AC，AD = $\dfrac{1}{2}$ AB

　より，AE = AD

　$\triangle$ABE と$\triangle$ACD で，2組の辺と

　その間の角がそれぞれ等しいから，

　　　　　$\triangle$ABE $\equiv \triangle$ACD

　合同な図形の対応する辺は等しい

　から，BE = CD

6

(11) $\begin{cases} \dfrac{x}{60} + \dfrac{y}{40} = 30 \\ \dfrac{x}{70} + \dfrac{x}{116} + \dfrac{x+y}{116} = 32 \end{cases}$

(12) $x = 840$，$y = 640$

7

(13) $y = \dfrac{240}{x}$

(14) 48分

8

(15) $\dfrac{a+b+c+d}{4}$ cm

(16) $2300 - 150x - 80y$ 円

(17) $8x + 4$

9

(18) 12.0倍　　(19) 25.0 %

(20) 5.0度

標準
解答時間
50分

解答用紙　　解説と解答 ▶ p.66 〜 p.82　解答一覧 ▶ p.222

1	(1)		**4**	(16)	
	(2)			(17)	
	(3)		**5**	(18)	$x =$
	(4)			(19)	$x =$
	(5)			(20)	$x =$
	(6)		**6**	(21)	
	(7)			(22)	
	(8)		**7**	(23)	$x =$ 　, $y =$
	(9)			(24)	$x =$ 　, $y =$
	(10)		**8**	(25)	
2	(11)	g		(26)	
	(12)	時間　　　分	**9**	(27)	$x =$
	(13)	m^2		(28)	
3	(14)	：		(29)	$\angle x =$
	(15)	：		(30)	$\angle x =$

＊本書では，1 次の合格基準を 21 問（70%）以上としています。

拡大コピーしてご利用ください。解答欄に書ききれない場合は別紙に書いてください。

第 1 回 2次 数理技能

標準
解答時間
60分

解答用紙　　　解説と解答 ▶ p.83 〜 p.96　　解答一覧 ▶ p.222

1	(1)	単 位 （　　　）	**5**	(9)	単 位 （　　　）
	(2)	単 位 （　　　）		(10)	
2	(3)			(11)	
	(4)				
3	(5)		**6**	(12)	$y =$
	(6)			(13)	分
			7	(14)	$a =$
				(15)	（　　　，　　　）
				(16)	
			8	(17)	％
	$x =$ 　　，$y =$			(18)	倍
4	(7)		**9**	(19)	$x =$
	(8)			(20)	$x =$

＊本書では，2 次の合格基準を 12 問（60％）以上としています。

拡大コピーしてご利用ください。解答欄に書ききれない場合は別紙に書いてください。

解答用紙　　　解説と解答▶ p.97 ～ p.112　　解答一覧▶ p.223

1	(1)		**4**	(16)	
	(2)			(17)	
	(3)		**5**	(18)	$x =$
	(4)			(19)	$x =$
	(5)			(20)	$x =$
	(6)		**6**	(21)	
	(7)			(22)	
	(8)		**7**	(23)	$x =$　　,　$y =$
	(9)			(24)	$x =$　　,　$y =$
	(10)		**8**	(25)	
2	(11)	cm^3		(26)	
	(12)	m	**9**	(27)	$x =$
	(13)	dL		(28)	
3	(14)	：		(29)	$\angle x =$
	(15)	：		(30)	$\angle x =$

＊本書では，1次の合格基準を 21 問（70％）以上としています。

第2回 2次 数理技能

標準
解答時間
60分

解答用紙　　解説と解答▶ p.113 〜 p.126　解答一覧▶ p.224

1	(1)	単 位 （　　　）
	(2)	単 位 （　　　）
2	(3)	
	(4)	cm³
3	(5)	ア：　　イ：
	(6)	
4	(7)	単 位 （　　　）
	(8)	$a =$　　, $b =$
	(9)	分後
5	(10)	
	(11)	

6	(12)	
	(13)	$x =$　　, $y =$
7	(14)	
	(15)	$y =$
8	(16)	
	(17)	
	(18)	
9	(19)	円
	(20)	円

＊本書では，2次の合格基準を 12 問（60%）以上としています。

拡大コピーしてご利用ください。解答欄に書ききれない場合は別紙に書いてください。

解答用紙　　　解説と解答▶ p.127 〜 p.143　　解答一覧▶ p.225

1	(1)		**4**	(16)	
	(2)			(17)	
	(3)		**5**	(18)	$x =$
	(4)			(19)	$x =$
	(5)			(20)	$x =$
	(6)		**6**	(21)	
	(7)			(22)	
	(8)		**7**	(23)	$x =$　　, $y =$
	(9)			(24)	$x =$　　, $y =$
	(10)		**8**	(25)	
2	(11)	秒		(26)	
	(12)	%	**9**	(27)	$y =$
	(13)	m^2		(28)	
3	(14)	：		(29)	
	(15)	：		(30)	$\angle x =$

＊本書では，1次の合格基準を 21 問（70％）以上としています。

拡大コピーしてご利用ください。解答欄に書ききれない場合は別紙に書いてください。

第3回 2次 数理技能

解答用紙　　解説と解答 ▶ p.144 ～ p.156　解答一覧 ▶ p.225

1	(1)	km
	(2)	A君の家からBさんの家までの距離　　km Bさんの家から学校までの距離　　km
2	(3)	点
	(4)	本
3	(5)	単位 （　　）
	(6)	$x=$ 　, $y=$
4	(7)	
	(8)	

5	(9)	cm
	(10)	cm²
6	(11)	
	(12)	（　　，　　）
	(13)	
7	(14)	通り
	(15)	
	(16)	
8	(17)	
	(18)	
9	(19)	
	(20)	

＊本書では，2次の合格基準を12問（60%）以上としています。

拡大コピーしてご利用ください。解答欄に書ききれない場合は別紙に書いてください。

解答用紙　　解説と解答▶ p.157〜p.176　解答一覧▶ p.226

1	(1)		**4**	(16)	
	(2)			(17)	
	(3)		**5**	(18)	$x =$
	(4)			(19)	$x =$
	(5)			(20)	$x =$
	(6)		**6**	(21)	
	(7)			(22)	
	(8)		**7**	(23)	$x =$, $y =$
	(9)			(24)	$x =$, $y =$
	(10)		**8**	(25)	
2	(11)	L		(26)	
	(12)	g	**9**	(27)	$y =$
	(13)	km		(28)	
3	(14)	:		(29)	$\angle x =$
	(15)	:		(30)	$\angle x =$

＊本書では，1次の合格基準を 21 問（70％）以上としています。

第4回 2次 数理技能

解答用紙　　　解説と解答▶ p.177〜p.189　解答一覧▶ p.227

1	(1)	本
	(2)	本
2	(3)	
	(4)	
		$x =$ 　　, $y =$
3	(5)	
	(6)	
4	(7)	%
	(8)	cm^2
5	(9)	
	(10)	

	(11)	
6	(12)	
	(13)	$y =$
	(14)	
7	(15)	万台
	(16)	倍
8	(17)	
	(18)	
9	(19)	
	(20)	点

＊本書では，2次の合格基準を 12 問（60％）以上としています。

拡大コピーしてご利用ください。解答欄に書ききれない場合は別紙に書いてください。

第5回 1次 計算技能

標準解答時間 **50分**

解答用紙　　解説と解答▶ p.190 〜 p.207　解答一覧▶ p.228

1	(1)		**4**	(16)	
	(2)			(17)	
	(3)		**5**	(18)	$x =$
	(4)			(19)	$x =$
	(5)			(20)	$x =$
	(6)		**6**	(21)	
	(7)			(22)	
	(8)		**7**	(23)	$x =$, $y =$
	(9)			(24)	$x =$, $y =$
	(10)		**8**	(25)	
2	(11)	分		(26)	
	(12)	%	**9**	(27)	$x =$
	(13)	km^2		(28)	
3	(14)	:		(29)	$n =$
	(15)	:		(30)	$\angle x =$

＊本書では，1次の合格基準を 21 問（70%）以上としています。

第 5 回 2次 数理技能

標準 解答時間 60分

解答用紙　　解説と解答 ▶ p.208 ～ p.221　解答一覧 ▶ p.229

1	(1)	
	(2)	単 位 （　　　）
2	(3)	$y =$
	(4)	本
3	(5)	
	(6)	$y =$
4	(7)	
	(8)	
5	(9)	
	(10)	

6	(11)	
	(12)	$x =$　　, $y =$
7	(13)	$y =$
	(14)	分
8	(15)	cm
	(16)	円
	(17)	
9	(18)	倍
	(19)	％
	(20)	度

＊本書では，2次の合格基準を 12 問（60％）以上としています。

拡大コピーしてご利用ください。解答欄に書ききれない場合は別紙に書いてください。

本書に関する正誤等の最新情報は，下記のアドレスでご確認ください。
http://www.s-henshu.info/sk4hs2206/

　上記アドレスに掲載されていない箇所で，正誤についてお気づきの場合は，書名・発行日・質問事項（ページ・問題番号）・氏名・郵便番号・住所・FAX 番号を明記の上，郵送または FAX でお問い合わせください。
※電話でのお問い合わせはお受けできません。
【宛先】　コンデックス情報研究所「本試験型 数学検定 4 級 試験問題集」係
　　　　　住所　〒 359-0042　埼玉県所沢市並木 3-1-9
　　　　　FAX 番号　04-2995-4362（10：00 〜 17：00 土日祝日を除く）
※本書の正誤に関するご質問以外はお受けできません。また受検指導などは行っておりません。
※ご質問の到着確認後 10 日前後に，回答を普通郵便または FAX で発送いたします。
※ご質問の受付期限は，試験日の 10 日前必着とします。ご了承ください。

監修：小宮山 敏正（こみやま としまさ）
東京理科大学理学部応用数学科卒業後，私立明星高等学校数学科教諭として勤務。

編著：コンデックス情報研究所
1990 年 6 月設立。法律・福祉・技術・教育分野において，書籍の企画・執筆・編集，大学および通信教育機関との共同教材開発を行っている研究者，実務家，編集者のグループ。
イラスト：ひらのんさ

企画編集：成美堂出版編集部

本試験型 数学検定4級試験問題集

監　修　小宮山敏正
編　著　コンデックス情報研究所
発行者　深見公子
発行所　成美堂出版
　　　　〒162-8445　東京都新宿区新小川町 1 - 7
　　　　電話(03)5206-8151　FAX(03)5206-8159
印　刷　大盛印刷株式会社

©SEIBIDO SHUPPAN 2020　PRINTED IN JAPAN
ISBN978-4-415-23144-0
落丁・乱丁などの不良本はお取り替えします
定価はカバーに表示してあります